阿德勒
心理学
经典系列

ALFRED
ADLER

The Education of Children

儿童人格形成及培养

〔奥地利〕阿尔弗雷德·阿德勒 著

张晓晨 译

内蒙古科学技术出版社

目录
CONTENTS

导　言

▼
▼

教育就是对自己的认识以及用自身的理性来指导自己。从心理学的视角而言，不论是成人还是儿童，其实都是一样的。不过，成人与儿童自然有所不同，其差异就在于：尽管都需要予以指导，但因儿童正值生长发育的阶段，相较于成人而言，相对要重要得多。如果我们乐于让孩子随着自己的意愿去发展，当然尽可如此。假设环境允许，且孩子们也可以适当运用无限的时光，以我们这样的方式发展文明的话，自然也能企及我们这般高度，可惜，这是不可能的。因此，有关儿童成长发育的问题，就必须得由成年人来留心并对他们加以引导了。

　　然而，其中最为困难的就是，人们对儿童的了解并不多。对于成年人来说，自己都很难了解自己，很难把握自己的心理成因，也很难弄清楚自己的好恶和情感缘起何处。而在这样的情况下还要清楚地知道孩子的事，可就更难了。况且，还要基于一定程度的认知去给予他们指导，无异于难上加难。

我们在借助"个体心理学"这门研究儿童心理的科学来了解儿童的心理状况的同时，也可以使我们更好地弄清成年人是怎么回事，即：为什么会形成如此的性格特征和行为方式。与其他心理学的研究方式相比有所不同，个体心理学在理论和实践上是密不可分、缺一不可的。个体心理学主要将视角聚焦在了人格的统一体上，不但对此进行研究，还着力研究人格统一体是如何努力去谋求发展，又是如何奋力进行表达的。由此来看，个体心理学知识本身就可以指导我们的实际生活。不管是心理学家、孩子的家人，还是其他人，只要在个体心理学知识上有所收获，都可以将所学知识活学活用到生活中去，凭此来发展人格。

采用理论与实践相结合的方法来研究个体心理学，就意味着这门学科具有完整性，其各个部分可组成一个有机的整体。个体心理学认为人的心理活动是由人的行为反映出来的，而行为又受个体的人格统一体驱动并给予其引导。与此相关的内容将在第一章中进行详细的讲述，然后再分章详述第一章中所涵盖的各种相关问题。

人的心理和精神总在不停歇地追求，并带着自身强烈的目的，这就是人在成长过程中所面对的一个本质性的事实。而人们自出生起，便在不断抗争中日渐长大，其目的是要使自己变得更强大、更完善，以及更为优秀。尽管他们并非有意识地要这么做，可目标就摆在那里，时刻都在他们的心中。人们想要追求这样的目的，自然离不开人类特有的思维方式和想象力，是其直接的反应。这样的抗争支配着我们，使我们一辈子的具体行为都受其掌握，甚至，它还左右了我们的思维，毕竟在思维上，我们都做不到客观，这就使思维不得不受限于我们业已生成的目的及生存方式。

在我们的人生中，很难看到人格的统一体全部显露出来，它是隐含在个体人格之中的。任何人都是其自身的人格统一体，同时也是其自己安排和创造的自己特有的人格统一体。所以说，我们每个人都是一幅画作，而同时，也是那画画之人，是自己人格的描绘者。然而，虽说人本身就是创造者，可并不代表就不会犯错，或是对自己的精神及肉体有全然的认知，说到底，不过是个并不完美的人罢了，也会软弱，亦会有诸多过失。

当我们在看待人格建构的时候，需要留心一点，那就是人格的整体及其特有的形式和目的并非以客观现实为基础，而是建立在个体主观看待现实生活的基础上，这才是其人格架构的基准。因此，人们对现实的见解及观点是不能代表事实本身的。由此，尽管现实世界对每一个人来说没有什么不同，而人们却都只会按照自己的方式来创造自己，依据自己看待事物的方式去调整自己，其中有些观点是正确的，而有些则并不正确。因此，当一个人在成长时犯了错，或是遭遇了失败的经历时，我们在分析的时候就不能马虎，得特别认真地正视其早期作为孩子时是如何看待事物的，分析其在认知上有无偏颇之处，因为这恰恰就是对其一生造成影响的关键因素。

接下来的案例可在此方面给出实证。有一个女人如今已经五十二岁了，总是看不上比自己年龄大的同性，总忍不住想贬损对方。她跟我们说，在她很小的时候就因为姐姐为人注目而感到自己总被瞧不起，为此，她觉得很受屈辱。在此，我们可以用心理学的观点来进行考察，也就是用被我们叫作"垂直"的方法来分析该案例，这样，就能知道这位女士从生命初期至后期，也就是截止到现在的心路历程了。其实，她的原动力和心理运行过程始终都没有变过，老是担心她会被人看不起。当她目睹自己之外的人更受人喜欢便会嗔恨起来。虽然我们并不知道这位女士一生都经历了什么，也不清楚其人格整体的概况，但以这两个事实作为基点，基本上还是可以补全那些我们所不了解的方面。就这一点而言，心理学家与写小说的人没有什么区别，同样是在以一条明确的主线来重塑一个个体。在主线上，要集合只属于这个人的专属动作、生活模式或行为范本，所创造出来的个体，应与其整体给人留下的印象相吻合。这个案例放在一个杰出的心理学家身上去解读的话，甚至都能预判出她在特殊情景下会采取什么行动，并且，还能将这位女士所特有的"生命主线"里附加的那些人格特点也清楚地描述出来。

个体人格的形成是由人的抗争、对目的的追求，或找到自己的目标所采取的行动导致的。不过,在此之前还有个前提非常重要,它与心理学事实相关——人的自卑感。对于每个孩子来说，内心都存在自卑感的，它会激发孩子的想象力，诱使他们想要去改善自己的处境，从而让自卑感被排除出去。当个体所处的境遇得到了改善，自卑感也就会相应减轻。对于这个现象，从心理学上讲就是"心理补偿"。

　　人的自卑感，以及经由自卑感所萌生的心理补偿机制，会使人更轻易地犯错。或许，人们可以出于自卑感在客观上做出点成绩。可事实上，人们又或许只会因自卑而进行纯心理上的调整，逐渐拉大个体与客观现实的差距。还有，当自卑感严重到一定程度，会令人不受控地发展出其他心理,来进行心理补偿。可不管怎么说，现状却不会因此而发生任何改善，只不过使当事人在心理上得到了必要的满足罢了。

　　举例来说，有三类儿童的表现能够明显地表露出其补偿心理的特性：其一，身体器官先天性虚弱或存在缺陷的孩子；其二，被父母严厉管教而从未获得过亲子之爱的孩子；其三，从小娇生惯养，被过分宠溺的孩子。

　　以上这三类儿童是三种基本情况的典型代表，因此，对他们进行考察，就能更容易地了解那些处在正常发展阶段的孩子了。尽管有些孩子存在着由身体器官先天虚弱或缺陷而引起的心理特

7

征，可不少正常儿童也或多或少地同样存在着这种心理，这着实叫人感到惊讶。我们需要仔细地研究那些极端的残障儿童，并以他们为原型来了解这些心理特征是怎么回事。至于第二类和第三类儿童，差不多每一个孩子都经历过，不是受过过严的管束，就是被过分宠溺，有的孩子甚至都经历了。

孩子们因为如上三个基本情境会生出心理自卑的感觉来，或是产生某种心理缺陷，而为了对抗这两种情况，身处这种境遇中的儿童亦会萌生出非同一般的雄心，这往往是人力所不能及的。人的自卑感和寻求优越的感觉常常是混在一起的，因为它们源自人生的一个基本事实，是这个事实的一体两面。我们很难在病理学上清楚地分析出，到底是自卑感在起作用，还是受到了追求优越感的影响。这两种心理总是按照一定的规律出现，并且同进同退，但不管怎么说，对优越感的追求心理会更强烈地伤害到我们。对孩子来说，会由于过度的自卑而激起雄心，同时，日渐强烈的雄心又会荼毒他们的心灵，无法令其本本分分的生活。之所以不安分，是因为他们的雄心已经膨胀到不成比例的程度了，所以，这种心理不会促成任何有益的活动，反而什么用处也没有。我们可以从孩子们的性格特点及其平时的举止中看出这种心理的苗头，不过，它并不是显而易见的。由于这种雄心无止境地刺激着孩子，因而他们会变得非常敏感且总是时刻处于紧张状态，唯恐旁人会伤害或看不起自己。

个体心理学的刊物中满载着这样的案例，而这样的儿童在成年后，会使才智和能力方面长期处于沉睡状态，也就是我们常说的那种性格怪异、精神不正常的人。这类人满脑子除了自己是装不下他人的，若是朝着极致发展下去的话，终将成为一个没有责任感的人，甚至成为罪犯。不管是从道德上讲，还是从心理层面上说，他们都是绝对奉行自我主义的人。在这些人中，有为数不少的人都不愿意面对客观事实，对现实生活避而远之。他们只是活在自己铸就起来的世界里，在幻想中沉沦、胡思乱想，似乎这个世界就是真实的世界了。如此一来，他们确实是在心理上获得了安宁，因为可以借由思维出来的虚拟现实和真正的客观现实达成一种和解。

不论是心理学家，还是做父母的人都应该留心一个标准，那就是，社会感情是评判儿童或是个体到底有没有得以成长的关键。因为，这种感情是强还是弱，决定了一个人能否得到正常的发展，是至为关键的要素。所以，不论是什么事情，只要让孩子们的社会感情和集体感情有所削减，便都会有损于其精神方面的发展。在我们考察孩子是否在正常发展时，只要看其社会感情是强还是弱，就知道答案了。

个体心理学在培养儿童的社会感情上有自己的原则，并从中发展出了一些方法来帮助更好地教育他们。不论是作为父母，还是作为孩子的监护人，一定要让所看护的孩子与更多的人建立起亲密关系，而不是只和一个人联系得太过紧密，不然，孩子就肯定没法做好足够的准备来应对日后的生活了。

通过观察孩子在入学时的表现，就能知道其社会感情的强弱，这是一个很好的检验途径。对于孩子来说，一踏进校门就等于步入了一个新的环境，同时也开始了其最早的、也是最为严苛的考验。这时候，他们是如何应对新环境的，又是如何与陌生人开始接触的，便会清晰地表露出来了。然而，大多数成年人并不清楚如何帮助儿童做好入学准备，不知道怎么让他们更好地适应新环境，所以，不少父母都在回忆起孩子在入学阶段的生活时，感到如身处噩梦一般。要是教育得当，学校自然可以弥补儿童在早期教育中所缺失的部分。因为，让人感到合意的学校机能，应该能够联通起家庭和现实世界，成为其间的中介，不但教给孩子们书本上的知识，还能解读一些生活中的问题，以及阐述生活方面的艺术。可在这种令人感到心合意满的学校出现前，在它们还未能补足因双亲教育所遗留的缺憾时，我们应该也同时重视起家庭教育，审视一下在这方面有无欠缺之处。

学校只能显示出一些家庭教育中出现的弊端，还不能真正作用于这些缺憾，而这也正好说明，学校尚不能成为这样的理想之地。在入学前，要是父母没能教给孩子与别人交往的方法的话，当他们入学后，就会感到郁郁寡欢、孤单无助，并因此而逐渐被其他人看作是性情怪诞之人。如此一来，孩子会从最开始的孤单无助、无可奈何逐渐往深层次发展，时间愈久，就会愈发严重。这不但会压抑其发展，还会使他们在行动上逐步出现缺憾，成为问题儿童。到了这一步，人们往往会把过错推给校方，可事实上，还是家庭教育出现了问题，而学校不过是将这些隐而未发的问题给彰显出来了。

个体心理学当前还不能判定那些在行为上有问题的孩子，是否可以在学校里得到改善，不过，要是孩子在入学之初就开始有失败的经历，无疑就代表着危险了，这是可以得到证明的。刚到学校就体会挫败可不仅仅是在学习上遇到了问题，更是在心理上的挫败，孩子会开始变得对自己没有信心。如此一来，就会感到灰心丧气，不想完成该完成的事，也想要逃开那些一般性的方式方法，并尽可能地不走社会上大家所公认的坦途，一意孤行地不走寻常路，通过另辟蹊径来得到一些心理补偿，用优越感来填补其缺憾感。一旦孩子丧失了信心，就会被快速满足渴望成功的心理所吸引，因而想要抛开自己在道德上对社会负责的义务，并以违反法律的方式来凸显自己，这样，就能感觉自己是个征服者了，实现起来也比按照社会既定的模式要简单多了。不过，走上此类捷径的人想必明白，虽然他表现出来的样子是英勇强悍的，可内心里，却一定是胆小无助的。他们只会做那些自认为稳妥的事，并确定自己能够成功，好以此向他人显示自己是非凡的。

通过种种细微的迹象，我们可以看到，那些外表看上去果敢彪悍的小孩，内心里都会感到自己很弱小。就像我们所看到的那些作奸犯科的罪犯，他们也一样只是些内心满载软弱而外表却显得天不怕地不怕的人。对于孩子，我们可以看到这样的情形：无法在直立的时候保持腰板笔直，不少成年人也是一样，总得找个依靠才能站着待着。用老方法来教育孩子往往治标不治本，过去，孩子一靠着东西站，大人就会说："站好了，身子挺直！"可实际上，这不是问题所在，并不是他在行动上出了错，而是心理上需要某种支持和依靠。对于这种孩子，我们可以迅速以奖惩的方式来劝其自信起来，使其看上去不再软弱无力。可这并不能解决实质问题，他们强烈的渴望并没有消失，依然还会通过赢得他人的帮助来满足自己，问题依然存在。因此，对于这些孩子所体现出的细微不同，好的老师是可以加以解读的，他会同情这些孩子，理解他们的心理，并帮助其除去这些潜藏的问题。

我们可通过某种单一现象来推出孩子的心理素质及性格上的特征。比如，倘若一个孩子在心理上必须要用某些事物来作为支撑的话，那我们便可立马推断出，他一定会感到焦虑并且有依赖心理。然后在此基础上，我们就可以再和其他熟悉的同类儿童做比对，来重新勾勒出这个孩子的人格类型了。最终应将其归属于宠溺型。

现在，让我们把探讨的方向转向另一群孩子，他们的性格特点是从未获得过任何爱怜。通过对那些无恶不作的人的生平进行研究后可以发现，他们的性格特点与这类孩子是一样的，但是表现会更为突出，已将这些特点发挥到了极致。其中，最显而易见的事实就是：在幼年时，他们都遭受过不公正的待遇，有人对待他们很不好。这样的经历促使其逐渐变得性情冷淡、善妒，并容易怀恨在心，容不得他人过幸福的生活。然而，不只是坏人中才会有这种嫉恨他人的人，就是常人之中也有不少这样的类型。在教育下一代方面，这类人理所当然地认为，自己的孩子不可以比当年的自己更幸福，在这一点上，他们不仅会把这样的观念作用于自己的孩子，还会作为监护人实施在他人的孩子身上。

这些恶人并非真是心存歹意才会秉持这样的观念和见解，只是因为他们在成长的过程中都经历过非人的待遇，才会在精神上呈现出这样的状态。对于他们所给出的"恰当"理由以及所奉行的警句，是不足以令我们信服的，比如："不用棍棒就会把孩子给害了！"再比如，他们会举出很多相关的实际例子及证据，但这些都不能证明他们的观点就是正确的。教育不是僵化的，也不是蛮横的，如此教育必定不会有什么成效，只能让孩子想要远离这样的授教人。

心理学家通过对一个人的不健康心理进行研究，并联系各症状间的影响进行分析，便可在反复实践中整合出这个个体的人格系统，然后，我们便可在此人格系统的基础上，去了解其内心里不为人知的一面了。对于这个人整体人格中的某些人格特点，我们完全可以通过考察他在人格系统中所体现出的每一个方面来得出结论。不过，我们必须得使所考察的部分全都指向一样的东西时，才能满足。所以说，个体心理学不仅仅是门科学，它同时也是门艺术。有一点十分重要，那就是，在我们运用整体概念时，在我们进行这样或那样的推论时，都不能过于刻板和机械地将它们强行套用在研究对象上。在展开研究工作的过程中，我们必须得找到足以支撑论点的论据，然后再下结论，因此，重点是研究对象这个客体，而不是揪住某个人的一两个心理表现方式就能得出什么深刻却不恰当的结论。比如说，我们只有在某人的行动中，在其各种表现中都找到他有固执和不自信的特质，才能够证明我们所假设的结论有迹可循，才能信心满满地说，他的确是具有固执和不自信的心理特质。

被研究者的真实自我是无法被掩藏起来的，因为他并不清楚自己表达的方法，这一点，我们必须牢记。所以，我们并不是靠被研究者自己所认为的观点和看法来了解他的人格的，而是对其行动及各行动间的关联加以分析来形成认知的。在此，我们无意说明被研究者是在有意撒谎，而是清楚地知道，人在有意识地思考时和在无意识地产生动机时，两者间的差异是非常大的，而要想将这两者有机结合，就必须是具有同情心且是能持有客观视角的旁观者才能做到的，而心理学家、双亲，以及孩子的老师就是这样的旁观者。我们常说的人格，即人们表达自我抗争和渴求的方式，在此过程中，人们都各有各的目的，可究竟是出于怎样的目的，当事人自己也无从全然知晓，所以作为旁观者，就应该去学习如何在解析个体人格时，让自己先以客观事实为基础，然后再去解读对象。

由此来看，每个人在表达真实的自我时，都会在以下所谈及的有关其个人生活及社会生活的三个基本问题中表现出某种态度，这要比其他方面更能展现出其真实自我的样貌。

头一个问题与社会关系有关。在这一点上，我们先前探讨的人们在对待现实时所产生的主观见解和客观解读的差距里，已经讲过了。此外，将社会关系问题具体化就会发现，完成交友及与他人交往这样的特定任务，也是社会关系问题的表现。一个人是怎么对待社会关系问题的，又会给出怎样的答案呢？比如，某个人说，自己对于交不交朋友，有没有社会接触都无所谓，且就此确定自己不用再面对该问题的话，那他所给出的答案就是"无所谓"。我们经由这样的态度，自然就能知晓其人格趋向及其人格构成了。不过，社会关系不只是交友和与他人交往这两方面，它还涉及一些抽象要素，比如友情、情谊、忠诚及守信等，这是我们需要额外注意的。一个人所给出的有关社会关系问题的答案，同时也就是他回应诸如此类问题的答案了。

接下来的第二个问题涉及个人对其一生的运用，即他打算如何作用于自己的人生，希望让自己在社会的劳动分工中起到多大影响。倘若社会关系不止由一个自我构成，而是由"你"和"我"的关系来决定的，那第二个问题就决定于"人"与"世界"（土地）所构成的根本关系。确实，人与世界总是相连的。与第一个问题相同，一个人希望世界给他什么，就要看他如何回答有关事业的问题了，这关系到他与世界的关系问题，可不仅仅是一个人的事，或者是某个方面的事，它关乎人和世界双方，不是人能够单方面做主的。我们要想在事业上取得成功，不考虑到客观现实是不行的，只靠主观意愿无法决定成败。在这个原因的基础上我们可以看到，在涉及职业的问题上，个体给出了怎样的回答，以及他采取了怎样的方式来回答，都会体现出他的人格特质和他对于生活的态度。

人类有两性之分是事实，这就是第三个根本问题的源头所在。同样地，处理这个问题也不是凭个人单方面或主观判断就能解决的，必须通过两性关系内在的客观逻辑来完成。要是觉得与异性相处是一个个人化的、带有主观性的问题，也是不对的。若想找到准确的解决方式，就必须得对两性关系中所涉及的所有问题做全盘的考虑才可以。一个人要是不能妥善处理自己的爱情和婚姻问题，那他势必存在着人格上的某种缺憾。要是处理不好，就会产生不少不良后果，而对于这些后果的成因及其隐含的意思，我们只能在当事人隐而未见的那些人格缺陷中才能找到答案。

因此，一个人大体上的生活方式及其特有的目的，都会透过上述提及的三个问题体现出来，只要依照其回答的方式去看，就可以知晓了。他的目的将会是最具效力的，不仅决定了其生活方式，还都映照在他的行为举止里。所以说，一个人要是把目的放在合作和友爱上，本着过有建设性生活的目的，那他处理问题的方式就会带有这个目的的痕迹。同时，他那良性的建设性生活也就彰显出来了，而他本人亦会由此体会到幸福。通过行动上的践行，他就会获得价值感，也会有动力。但是相反地，要是个体的目的放在主观上，消极生活的话，那他就不可能有力地处理根本性问题，也无法感觉到问题被妥善安排好了的那种快感。

这些基本问题之间有着非常紧密的联系，且还会在社会生活中演变出其他特定的使命和工作，而这些衍生出来的任务唯有在一个社会背景下才能完成好，也就是说，得以社会感情作为基础才行，因此，它们之间的联系也就变得更为紧密了。早在儿童成长发展的早期阶段，就已经出现这些使命和工作了，人们会通过自己对看、听、说的感觉等行动来体会社会生活所带来的刺激，孩子们都需要在成长过程中面对与兄弟姊妹、父母亲戚、老师和伙伴、友人的相处问题，并借助与他们的接触得以发展。由此，人们一生都离不开这些使命和工作了，要是失去了与其同类接触的社会生活，那他这一辈子肯定会过得很失败。

由此，个体心理学会把凡是有益于社会的事，当成是"对"的事，并有足够的理由这么做。相反地，那些与社会标准和既定要求相左的事，就不是"对"的事了，肯定会和客观的现实规律相抵触，并与现实客观性相矛盾。不能与客观现实相合的表现有三种：其一，当人们在行为违背"对"的事时，会产生无力感；其二，以上所说的和客观的现实规律相抵触的事实，会体现在被伤害的人所做出的报复行动中；其三，在我们的内心里，都会有意无意地有一种社会理想，而不按社会标准和社会要求来行事的话，就会使人无法安然地秉持这一理想。

个体心理学在测试孩子是否得到发展方面，会着重检测其社会意识是否存在问题，因而能够轻而易举地对其生活方式进行解析和估测。孩子只要在生活上遇到了问题，就肯定能够看出他有没有被"合理"地进行养育，换句话说就是，看孩子身上有没有体现出"合理"的社会情感，有没有足够的勇气，是否具有一定的理解能力，以及他为自己设定的目标是否有益。在这之后，我们所要做的就是，找出他内心在追求目标的过程中所进行抗争的节奏，找出其自卑感的强弱水平，和他对社会意识的感知力度，等等。这些因素相互交织在一起，就形成了人格统一体，它不能被分而视之，直到发现其在结构上有错误，发现可以完成对它结构上的重塑，才能不以整体的眼光去看待。

▲ 当一个人犯错或失败时，我们应分析其在孩童时期是如何看待类似事情、事物的，分析其在认知上有无偏颇，因为孩童时期的认知是对其一生造成影响的关键因素。

/第一章/

人格的统一

▼

▼

只要接触到孩子的心理活动就会发现，这绝对是件奇妙的事，在方方面面，在各个点上，都足具吸引力。当孩子做一件事的时候，我们往往很难摸清楚怎么回事，除非把他的全部生活经历都了解到位，这也许就是最为奇妙的地方了。因此，孩子的整个生活状态及其人格特点，都会在其所做的事情里有所表现，要是对此隐含的背景知之甚少，便难以明白他为什么如此行事。我们把这样的现象称之为"人格的统一"。

　　早在人们处于年幼阶段的时候，人格的统一性就开始发展起来了，也就是说，人们渐渐地把自己的行为和表现方式融合在了一起，并形成了一套独立化的模式。每个孩子都需要按照生活的要求来做出回应，因而必须得将自身协调统一好，并以这样的方式对其所处境遇做出反应，因此，他协调统一的方式就形成了性格，不仅如此，还会促成他形成个性化的行动，这样，每个孩子的行为就都与其他孩子不同了。

对于人格的统一性，往往被很多心理学派忽略，从未受到过应有的重视。结果，病患的某个手势或神情总是在心理学理论研究及病理学的实际操作过程中被另眼相待，特别拿出来进行研究，就好像它本身可算作一个完整的独立体似的。有时候在研究的过程中，会假设一个人的某个神情和动作与其别的行动无关，而能单独看待，把它们唤作"情结"。然而，这么做无异于把单个音符从整个曲子里抽离出来，在不考虑其他音符的基础上只思考这个单音符有什么含义呢。不幸的是，这种做法尽管不妥却已被广泛使用了。

对于这种错误做法，个体心理学认为有责任予以纠正。倘若将这样的谬误使用在儿童教育上，必将带来很大的危害。其中，对孩子的惩罚是这方面体现得较为普遍的。要是他们做了什么得接受惩罚的事，结果通常会怎样呢？人们往往会在某种意义上先把孩子给人的整体印象放在首位，可这显然是一种先入为主的想法，对孩子来说可谓是弊多利少。原因是，老师或双亲会带着这种想法来对待屡屡犯错的孩子，认为他们就是执迷不悟，不知悔改。相反，要是孩子一直做得很好，那么人们基于对他的整体印象不错，就不会太严格地去深究其错误了。不过，不论是第一种情况还是第二种情况，我们都没有按照自己应做的那样去正视孩子们的人格统一性，将其犯错的真实原因给找出来，就好像只抽调出几个音符就想解读整个曲谱一样。

当孩子懒惰时，我们会问其原因，可他是不可能给出我们想要知道的答案的，亦不可能说出懒惰的原因。两千年过去了，时至今日，苏格拉底那深解人性的话语仿佛仍回荡在耳际，他说："想要了解自己，谈何容易！"如此，这种综合性的复杂问题又怎么能让孩子答上来呢？就是心理学家也给不出满意的答案。因此，不了解此人的整体人格，并以此为前提去考察的话，就无法理解其单个行动的含义。之所以要用这个办法并非是叫人把孩子的某个行为给表述出来，而是切实地去了解孩子，明白他对于所面临的任务是秉持着怎样的态度来行动的。

了解孩子的生活背景甚为重要，以下案例能够清楚地表明这一点：

有一个男孩，如今已经十三岁了，在他未满八岁的时候，还是家里的独子，被身边的人呵护有加，他的任何愿望家人都会帮他去实现。在那段时光里，他过得十分愉快，母亲对他可谓是宠着惯着，而父亲尽管作为一名军官，常常不在家，是个喜欢安静的善良的人，却也喜欢被儿子赖着。当然，孩子都会跟母亲更亲一些，这个男孩也不例外。他的母亲既聪慧又善良，总是尽可能地顺从儿子，尽管他的要求常常是一时兴起的任性之举。但同时，她也会感到不安，因为他频频任意妄为又不懂礼貌，还有不少带有威胁性质的举动，于是，他们之间就产生了一种紧张关系，这种紧张主要源自儿子老是命令自己的母亲，不但蛮横无理，还老是捉弄她，总而言之，就是常做出一些引起母亲关注的事，不分场合、不分时间地故意捣乱，招人讨厌。不过，尽管他总是惹麻烦，本质却并不坏，因此母亲便也就由着他了，继续替他整理衣物、辅导功课，而对孩子来说，这意味着妈妈一定会替他处理好所有的问题。当然，他和其他孩子一样，聪明伶俐且有着良好的家庭教育。然而，到了八岁，他的妹妹出生了，此前一直在学业上没有问题的他，一下子全变了，父母也再难以忍受与他相处的模式了。他开始不求上进，整日懒懒散散，对什么都无所谓，一副随随便便的样子。只要得不到自己想要的，他就会去揪妈妈的头发。在一起相处时，要么就拽妈妈的耳朵，要么就拉着手不放，总之，不让她得享片刻安宁。对于这种行为模式，小男孩并不打算加以改正，并且，妹妹越是长大，他越是固执己见，坚持将自己设计好的行为模式进行到底。很快，他就把捉弄妹妹当成主要目标了。当然，他还没发展到会有意去对妹妹造成身体上的伤害，可对她抱有嫉妒心理这一点却已经很明显了。男孩开始行为恶劣，源自家里多出了一个妹妹，因为，妹妹的出生就意味着整个家庭所关注的焦点不会再是他一个人了。

处于这种境遇，就需要注意一点：孩子一旦出现了变坏的行为趋势，或者出现了一些招人厌恶的迹象，就不能把原因想得太简单，不能单单只思考为什么会发生这种情况，还要对其初因加以调查。除非迫不得已，我不大想使用"原因"一词，普通人怎么能领会哥哥成了问题儿童，原因却出在妹妹的降生上呢？可这类原因其实很普遍，就这两件事的关联来看，实际上仅仅是小男孩没有用正确的态度来看待妹妹的降生。就物理学所理解的因果而言，这两件事之间在严格意义上讲，并不是互为因果的，我们怎么能说哥哥会因为妹妹的出生就变坏了呢？不过，要说石头落下来时，必定会在方向上和速度上沿着一定的轨迹下落，还是完全可以的。我们通过个体心理学进行调查后，便有理由这么说：就严格意义上的因果关系而言，是不会产生心理上的"沉降"的，如果出现这种变化，则是因为其他人为的种种错误，不论错误是大是小，一经发生就会对其往后的发展造成影响。

随着心理成长的发展变化，人们或多或少都会犯错，这不足为奇。不过，所有的错误和由其导致的结果，最终都会以某种失败体现出来，又或者，会造成某种人生导向上的错误。在人的心理上，都需要为自己设定一个目标，它关乎人的判断，而一切问题都能在这里找到初因，为了追求自己心中的目标而进行判断，就很有可能犯错。一般而言，孩子在两至三岁时就开始为自己设立目标了，并确定了自己所要追求的是什么，此后，他将会被这个目标所牵引，努力地用自己的方法去实现。然而，他们会在生成目标期间判断有失，可这一目标只要设定好了，就再难扭转，还可能反过来制约并操控住设定者本身。对孩子来说，会在具体的行动中践行自己的目标，也会依照其目标调整自己的生活方式，以便能全身心地投入来实现自己所追求的目标。

因此，有一点必须牢记，每个孩子的发展都是由他如何理解事物而决定的，这十分重要。相应地，当孩子迎来某个新的境遇或是困难时，就肯定会受已经定型了的错误思维所控。在孩子的脑海中，已经形成了对客观事物的印象，不过，从这印象的深刻度及本质出发，并不取决于客观事实和情况本身，就像妹妹降生的这个事实案例一样，孩子会产生什么样的印象，只与其怎样看待事实有关。这足以驳斥物理学意义上讲的那种因果理论，即：在客观事实和它所含的意义之间是必然相互关联的，可事实上，在客观事实及由此而引发的谬误之间，却并不一定形成必然关系。

在心理层面，真正令人感到奇妙的地方就在于，基于客观现实所产生的看法并非事实本身，是我们的看法决定了我们的行为。在行为上，我们始终受到限制，因为不同的看法，会调配出不同的行为，同时，这些看法也是形成我们人格的基础。有一个经典的案例能够很好地证明是主观想法在左右着人们的行为，那就是恺撒登抵埃及时发生的事情。恺撒在跳上埃及海岸的时候，摔了一跤，整个人扑倒在地，于是，罗马士兵便觉得这一定不是什么好兆头，尽管他们个个都是不畏惧沙场的人。随后，恺撒振臂一挥，高喊着：非洲，你是属于我的了。若非有此举，恐怕士兵们很快就会扭头走人了。

通过这一案例，我们自然就会知晓形成现实情况的因果关系并不一定总是相应的，而现实所带来的效果，大多都是经由人自身的整体人格对现实进行重整之后，才得出来的。同样，在大众无理性和理性的常识之间，也存在这一问题。倘若理性占了大众无理性的上风，也并非就是由当下的因果关系所决定的，实际上，不论是理性还是大众无理性，都不过是人们在当时所生成的一种自主性看法。就一般意义而言，理性只有在错误看法起不到多大作用时才会显露出来。

现在，让我们再来说说之前的那个小男孩的事。我们大可这么说，不久后，他就会发现自己身临困境，人们不再对他报以喜爱之情，而在学校里，他的进步也不会太大，可他仍然会继续我行我素，还会采取行动给他人制造困扰，但这就是他表达完整人格的途径。如此说来，这个孩子在学校里会遇到什么情况呢？老师会在他给其他人造成困扰的时候予以惩戒，然后，他可能会收到报告书，里面写满了他的劣迹，又或者，他的双亲会收到来自校方的投诉信。一直以来情况都很糟糕，最终，这个孩子会被校方劝退，因为他已经不适合再待在学校了。

兴许这正是男孩梦寐以求的解决之道，他会不满意于其他的处理方式，而秉持着这种态度，恰恰是源自其行为模式中所一贯奉行的逻辑。显然，他的态度并不正确，然而只要他抱有这种态度，就势必会引发由此带来的一连串行动。倘若令大家都关注自己就是他的目标，那就是一个根本性错误了，而要是他因为做了错事就被惩戒，那这惩戒就应该是针对根本性错误的。由这一错误会引发其他一系列效果，他必然会一而再、再而三地希望妈妈只关注他一个人，也势必会以王者自居，然而，就在他在手握"王权"八年之后，却被一下子被赶下了宝座。在丧失王位前，他一直都是母亲的至宝，而在他的眼中，除了母亲也再无他人。可随后，家里多了一个妹妹，这怎能不让他想要拼尽全力抢回宝座呢？然而，他又错了。不过，这倒不是什么不可原谅的错误，毕竟他在人品上并不坏，还算不上卑鄙歹毒。对孩子来说，在没有做好身心的准备来应对这突然的变化，在他内心充满矛盾时，也没能得到来自外界的指导，所以才有了怨怒心理。比方说，某个孩子一直受人关注，他也早已习以为常，可他到了上学的年纪，一下子所处的境遇就发生了极大的变化，因为在学校的生活中，老师对待每个学生都是一样的，而当这孩子想要老师在关注他的同学和关注自己之间，选择把焦点多放在自己身上一些的时候，便很可能会叫老师很生气。因此，孩子若是被宠溺惯了，在面对这种情况的时候就会感到危机重重。不过，这类孩子最初都不存在人品问题，没有天生的坏孩子，也不是拿他们就没有办法了。

通过这个例子我们就能明白，那个孩子是在自己的生活目标和校方安排的生活规划间产生了心理冲突。他的人格目标并不是按照校方规定的目标路径而走的，它们在方向上是不同的，可尽管如此，他的目标已然确立，注定会影响其生活的各个方面。也就是说，他一心要为实现自己的目标而努力，可校方针对孩子却有着其他的目的，他们希望所有孩子都能过上正常的生活，因此，必然会与孩子所想的不一致，也势必会产生矛盾。校方忽略了学生在这种境遇下所发生的心理状态，因而在处理问题时并未予以包容，也没有试着去寻根溯源，解决根本问题。

对于孩子平日里的主要渴求我们都十分了解，那就是，让母亲只围着自己，什么事都为他着想。因此，在孩子的心里，只有一个念想，所有的企图也都是因它而起——妈妈得受我控制，她只能是我一个人的。然而，在学校老师却给出了另一套规划，让他必须自己对自己的学习负责、看管好自己的书本、独立完成课业，还得独自整理好自己的物品。所有这一切对孩子而言，无疑是将缰绳拴在了一匹烈马的脖颈上。

孩子自然无法在这样的情况下做出什么令人满意的表现，可假使我们弄清楚了真相，就会知道，对他施以惩罚是毫无意义的，只能叫他更固执地相信，他讨厌待在学校里，同时，我们既然清楚了真相，也就会更加同情这个孩子。相反地，学校要是决定开除这个男孩，或是叫他的亲人带他离开，那对孩子来说，无疑是离目标更近了一步。因为他又可以操控妈妈了，他的权力又回到了他的手中，妈妈只能再次选择一心一意地对待他了，这就是他一直梦寐以求的结果。然而，尽管他觉得自己终于取得了胜利，可事实上，他只是被自己那已经出了问题的感知系统给蒙蔽了。

当搞清楚事实究竟是怎么一回事时，我们就得接受一点，对孩子的一些错误加以处罚是毫无意义的。比如：孩子上学没带书很正常，要是他自己能记得并做好，反倒不符合孩子的正常心理了，因为只有他忘了做，才会令妈妈劳心帮他处理，因此，不能简单地把这个行动看成是某种孤立的行为，而应将之视为其个体人格规划中的一环加以处理。人的人格会以各种方式表达出来，彼此间都是协调一致的，并合力组成一个完整的统一体，这一点我们必须牢记。基于此，我们就知道这个孩子其实正是在按照自己的方式活跃在生活中的，他平素的行事风格与其人格在逻辑上完全一致，而这个事实本身也正好可以反驳下面的这个假设：因为孩子在智力方面反应不敏锐，所以无法努力做完自己的课业。试想，人要是在智力上愚钝，又怎么可能把自己的生活方式贯彻始终呢？

这例子看似复杂却让我们明白了一点，那就是，男孩的境遇其实很普遍，我们几乎都是如此。对于生活，我们在理解的时候，一直都不可能做到很好地融于传统意义上对于既定社会的解读。人们过去会把传统奉为神旨，不敢有丝毫冒犯，可如今已经都不这么想了。人们已然认识到，所有的制度都在变化中发展着，既不是什么高高在上的东西，也不可能永远都是老样子，而促成发展变化的助力，就是人们在社会生活中的不断抗争及努力。社会制度之所以存在，并不是设计好来约束人的，而是为其服务的，人并非是为了这个制度而存在。尽管要想实现个体解放，就得在培养社会意识方面采取行动，可这并不等同于要迫使所有人都按照一个不变的社会模式去生活。

在以上的论述中，思考了有关个体和社会的关系问题，这是建立个体心理学理论的基础，且对于学校制度方面的进一步完善也起到了至关重要的作用。同时，亦可有效地帮助校方改善那些初入校门却一时无法适应的学生，使他们在态度上有所转变。每一个学生都如同一块尚待雕琢的蕴玉之石，是具有完整独立人格的人，校方当正视这一点，并懂得如何以心理学的理论为助力来判断学生们的一些特殊的行为举动，而不是像先前说过的那样，将学生的特殊行为像单音符被抽离出来，在脱离乐谱的情况下被解读，要知道，每个学生的特殊行为都与其人格统一性相关联着，而只有在乐谱中解读单音符才能找到答案。完整的乐章，就是人的人格统一。

▲ 所谓人格的统一，即每个人的发展及行为都是由他如何理解事物而决定的。然而社会是发展变化的，人们应不断更新和培养自己的社会意识，以协调自己的心态和行为。

/ 第二章 /

对优越感的追求及在教育上的意义

▼

▼

人性中除了人格上的统一性外，还有另一个更为要紧的心理学事实，那就是，人们都渴望获得优越感，渴望成功。不论是哪种渴望自然都离不开自卑心理，否则就不会指望要提升当前的处境了。追求心理优越和感到自卑，在心理现象中是一体两面的，不过，若是分析起来，还是将它们分开来进行研究会更容易些。本章所要阐述的内容主要就是：对人的追求优越感心理进行集中探讨，并说明它对于教育的意义。

　　对优越感有所追求的话，就引发出所要论述的首个问题：我们都天生具有生物性本能，而这样的追求是否也是先天的呢？对于这个问题，我们的答复是：这一构想不太可能成立。不过，尽管我们认为人并不是天生就会追求优越感，可也必须接受一点，那就是，这样的追求可能在形成胚胎时就已经存在了，还极有可能在不知不觉中发生变化。也许这么说才能将意思表达准确，即：人性离不开追求优越感，这两者有着密切的联系。

我们都知道，人类不可能在超越自己能力范围的区域里活动，一些潜在的能力，是根本不可能得到发展的。比如说：人类不能期望自己获得像狗一样的嗅觉，也无法用肉眼找到紫外线。可这并不代表人类就不能再提升其他功能性的能力了，人类就是因为极有可能提升自己的潜能，才会在生物本源上就存在对优越感的渴求，而这同样也是人格心理进一步发展的源头所在。

不论是儿童，还是成年人，都会对表现自我产生强烈的冲劲，就像我们平日所见到的那样，并不受任何限制，且没有什么能够消除这样的冲劲。总是勉强服从于什么是人性所无法容忍的，为此，人们甚至会把自己建立起来的"圣地"给推倒。人们在自我感觉屈辱、不被注意、迷茫及自卑的时候，便会期望通过努力而提升当前的境遇，而当实现更高一级的目标时，便会感到心理得到了补偿，觉得自己完美了。

我们可以清楚地指出，是环境因素在影响孩子，使其产生了一些怪异的举动。受环境因素的影响，孩子会生出自卑、软弱和迷茫的心理，随后，又被这些心理反过来刺激并催动，受到来自精神上的反作用。面对这种情况，孩子就会决意丢掉它们，希望把自己放在更高的位置上，以便能取得某种心理上的平衡。于是，他对提升的渴求越急切就越会拔高自己的目标，想要证明自己确实有能力到达目的,可无论他如何证明,都常常是人力所不能及的。这是因为,孩子们在其所处的年龄段里,总是方方面面都被照顾得很好,因此才会对未来抱有这样的幻想:将来的我一定是无所不能的,就像上帝那样。他们的这种想象方式显示出,孩子都会从心底里想象自己就是某种类似神明的存在。一般来说,那些认为自己不够坚强的孩子更容易这样。

下面来看一则案例。有一个小孩,尽管已经十四岁了,可他的心理状态却已经到了很糟的地步。在我们的要求下,他回忆起了自己处在幼儿时发生的事情。六岁那年,他曾为吹不出口哨而感到很苦恼,然而有一天,他刚离开家就意外地发现自己能吹出来了,这令他十分震惊,于是,便觉得这一定是得到了上帝的帮助。就此案例我们可以看出,在人的脆弱心理和将自己视为全能式的上帝之间,是存在密切联系的。

我们只要对孩子进行观察,就可以在他们表现出的一些显著性格里,发现其对优越感有多么渴求,因为两者是紧密相连的。由此,我们也同样可以看出他全部的野心是怎样的。要是一个孩子十分想要得到肯定,那么相对地,他心里就会有一定程度的嫉妒情结。对于这类孩子来说,常常轻易就由这种心理发展出渴望自己所面对的竞争对手倒大霉的心理,不仅如此,还会在精神上失控,不仅渴望对手遭殃,还会制造事端累及他人,并在行为上对他人造成伤害,甚至会导致犯罪。具体而言就是,他们会为提升自我价值而去宣扬他人的是非、肆意骂人、令他人感到耻辱。这时候，越是有旁人，越是引人注意，他们就越会如此。这样的孩子难以忍受被人超越，因此，在他们的心里，提升自我价值和贬损他人价值是没什么两样的，只要对权力充满着强烈的渴求，就一定会显示出其恶毒的一面——想要伺机报复。在心态上，他们常表现得争强好斗又胆大妄为，而体现于外在，就变成了这样：眼神总是闪闪烁烁的；不经意间就突然发起脾气来；时刻让自己处于紧张状态。追求优越感的孩子一般都很难接受来自学校的考核，这会令其很容易暴露出自己的无价值感。

很明显，以考试来协调孩子们的心理状态就很有必要，毕竟不是所有的孩子在这个问题上都抱着一样的想法，如此一来，要是发生什么个别状况也更便于处理。我们常能看到一部分孩子一说起考试就脸色大变，脸也白了，说话也不利索了，甚至还会浑身发抖，觉得是摊上了极其痛苦的事一样。在这个过程中，他们会感到害羞、害怕，脑子里再也想不了别的了，其中还有一些孩子会因被别人盯着看而不敢独自发言。孩子们在追求优越感时，会在别的方面也有所体现，比如玩游戏的时候。以车夫赶马车的游戏为例，对于那些执着于寻求优越感的孩子来说，只会想要做车夫而不乐意当马，在他演绎车夫的时候，就会总想当领导或是命令其他玩伴，如果他的这个目的被拒绝，那他便会想方设法阻止其他人玩，并以此为乐。不过，倘若此举连连不能得逞，他便会就此感到灰心，也不会再野心勃勃地继续阻止下去了。当有新情况发生时，他不但不会站出来扰乱，反倒会缩到一边去。

对于那些尚未灰心，还保持着强烈雄心的孩子，仍旧喜欢玩各种充满竞争性的游戏。当他们受挫时，也一样会有害怕和恐惧的表现。所以，我们完全可以通过观察孩子们喜欢玩什么样的游戏、爱听哪类故事、喜好什么历史人物来分析出他对自我肯定的方向，以及程度如何。对于成人来说也是如此，我们能够看到很多信心满满、斗志昂扬的人，都会以拿破仑为偶像或榜样，对他们来说，能够拥有这样一个崇拜对象是最为合适的了。整天自以为了不起的人，往往其内在是十分自卑的，就因如此，才会想要在现实以外的地方弥补这种刺激带来的感情缺失，获得心理上的满足感。这种情况不单会出现在日常生活中，也会在梦境里有所体现。

孩子们会朝着各自不同的方向去追求优越感，因此，我们以其中的差别来将之分门别类，可这不等于就能将类别划分得十分清晰，在细节上多少还是有很多区别的，这要看孩子本身对自己有多大的信心了。正常的学生一般都有着良好的成长过程，而自身所建立起来的优越感也相对是有益的，他们知道如何令老师满意，也能做到保持整洁，但以我们的经验来看，这种类型的孩子只占少数。

此外，还有一些孩子是我们该注意的：为了比别人更优秀，他们往往会付出异于常人的努力，简直让人怀疑他们的目的到底是什么。一般而言，在他们如此努力的背后，是包含着野心的，可这一点常被人们所忽视，因为我们惯于把野心当作一种优点，也习惯去鼓励那些肯于努力的孩子。然而，这么做是不对的，让孩子定下过高的目标并努力去实现它，势必会使孩子得不到正常的发展。孩子们在负担过重时，会处在紧张的心理状态中，时间不长的话还能够承受，可这种紧张心理持续下去的话，免不了会加重。也许他们会把大量的时间用于读书，那相应地，也就没有多余的精力再从事别的活动了。他们只有一个目标，那就是急于做班里的尖子生，而对其他难题持回避态度。我们怎么能满足于孩子在这样的情况下成长呢？这绝对会有碍于其身心朝着良性的方向发展。要是孩子仅仅是为了比其他孩子强而选择用这样的方式来生活的话，对其正常的身心发育是没有好处的，因此，我们应该时常提醒孩子，不必把精力都花在书本上，可以适当出去活动活动，找别的朋友玩玩，还有很多事情值得在意呢。尽管这类型的孩子也不是太多，但此类现象仍旧存在。

另外，还有一种情况能表现出孩子有过度的野心，这种情况一般发生在同一班级里的两个总是暗自较劲的学生身上。要是有条件去观察一下，就不难发现，在这些有着很强竞争欲的孩子身上，总会体现出那么一点儿叫人有些讨厌的地方。他们看上去充满了嫉妒心理，总是羡慕旁人，而这两种品性本不该出现在一个和谐的、独立完整的人格当中。这样的孩子一看见别人比自己成功，就会心生烦恼，如果班上有同学遥遥领先的话，甚至会让他们连身体都出现问题了，不是神经性头痛，就是闹胃病，等等。此外，他们会在别人被表扬时退得老远，而他们是不可能主动去称赞他人的。这些羡慕或厌恶的情绪显然是一种信号，可这还不足以彰显出他们一定是打从心底里就希望超过或是要压倒别人。

这个类型的孩子很难与同伴和谐相处，因为他们不管在什么事上都喜欢发号施令，即便是在游戏的时候也是如此。对于既定的游戏规则，他们一般都不想遵守，结果就跟其他人玩不到一块儿去了。而且，还总是态度傲慢，瞧不起自己的同学。在与同学的交往中，他们很难感到心情愉悦，越是接触得多就越会没有安全感，总是觉得自己迟早地位不保。对于成功，他们基本上就没自信过，但凡感觉到自己身处的环境不够安全，便立马没了主意。这个类型的孩子，一方面肩负着他人对自己的期许，另一方面又对自己满怀期望。对于家人的希冀，他们总能很快地捕捉到，然后，常常是既紧张又激动地去努力付诸实践，这时在他们的脑海中只有这样的念头：要比其他人都做得更好，要让自己变成"人们眼中的焦点"。于是，在这种心理的驱使下，他们便扛起了这些期望，就算负担再重，只要没有不利于他们的情势出现，就不会再放下担子，只会一心一意地往前走。

倘若老天眷顾，令人类得以通晓那些绝对真理，且能降下令所有孩子都能免于上述提及的遭遇之法，哪儿还会有什么问题儿童呢？可惜，这样的法门并不存在，而我们也无法为孩子们提供成长所需的那种完美的学习条件，所以说，孩子们若是过于追求成功，可就十分危险了。因为，这些孩子在心理上会承受太多不健康的重担，一旦困难来临，他们与没有背负重担的孩子相比较就会在感受上有所差别，这里所指的困难是那些无法规避的阻碍。对孩子来说，碰上难题在所难免，而且不仅当前如此，日后也是一样。因此，我们所能做的就是：必须在教育方面有所改变，应当持续不断地去寻找可行之法，因为孩子各有不同，要有适合不同儿童的应对办法。此外，还要认识到以下事实：过度的野心会毁了孩子的自信，而信心不足又怎么可能战胜所面临的困难呢？

有着太强野心的孩子只希望自己获得成功并被人认可，也就是说，他们认为没有什么比得到这一结果更值得关注的了。他们在成功不被认可的情况下，是很难满意的。孩子在面对所遇困难时，多数时候都应以保持内心的平衡为前提，这远比立即动手处理难事重要多了。然而，一个孩子倘若野心过重，就不可能明白这个重要性，因为他要是得不到他人的赞誉就会觉得活着没什么意义。这样的话，到头来他们便会形成依赖感，特别在意他人对自己的评价，而这样的案例随处可见。

当别人以自己的价值观来评断我们时，尤为重要的就是我们应做到心理上不失衡。我们当可观察那些先天器官发育不良的孩子，在他们身上能够体现出这一点，而这样的孩子，不在少数。

许多孩子身体的左半侧都发育得比右半侧要好，人们一般对此却并不知情。在我们这个盛行使用右手的世界里，惯于用左手的孩子就会常常碰上麻烦。对于惯用左手的孩子来说，差不多全都会有这样的感觉：不论是书写、绘画，还是阅读图书，都异常艰难，无法灵活使用双手，看上去老是笨笨的。我们平常要是想知道哪些孩子是左撇子，哪些是右撇子的话，是需要一些方法的，现在就说一个能简单分辨出来的方法，当然，并不完全适用于任何孩子。方式如下：让孩子将两只手交叉叠起，此时，我们就能看到，凡是左撇子，便呈现出左手在上、右手在下的状态。通过实验我们便会感到惊讶，原来世上有这么多先天的左撇子，可对于这一点，孩子们是不清楚的。

通过对惯用左手的孩子的生活史进行研究，我们就能得出如下的事实：在右撇子当道的世界里，人们自然会觉得这类孩子显得与众不同。要想体会其中的具体感受，我们可以试着这么想：在类似英国或是阿根廷这样的国家，规定机动车是靠左行驶的，而惯于靠右行驶的我们，碰上这种情况会怎么样呢？而对于习惯用左手的孩子来讲，要面对的可比这严酷。对他们来说，家庭成员做事都是用右手的，而自己却与他们相反，这在一定程度上既影响了自己的生活，也为其他成员带来了困扰。到了学校也是一样，书写时，他们也要低于全班的正常水平。再加上人们并不会去深究其原因，孩子经常会被人唠叨，分数也上不去，还常常因此而受到责罚。如此一来，他对于自己的处境只会生出一个念想，那就是认定自己在能力上是无法与别人对等的。于是心里就觉得，自己受到了不公正的待遇，比不上他人，或是根本没法在竞争中取胜。要是家人都看不惯孩子的笨拙而唠叨他的话，就更会使他的自卑心理得到加强，觉得自己比不上任何人。

孩子当然不会就此意志消沉下去，可遇上这种情况，还是有不少孩子会选择不再继续努力了。对他们来说，根本不清楚自己处在怎样的境遇里，也得不到旁人关于如何克服困境的指导，因此，在这种情况下仍旧坚持努力并不是件容易做到的事。所以，大多数的孩子都没能训练出使用右手的能力，从而使人不好辨认他在用哪只手写字，都写了些什么。实际上，这是可以克服的，有个事实可以证明这一点：在那些高水准的艺术家、绘画家及书法家之中，有不少天生就习惯于用左手的人，可他们经过简单的训练后，也一样可以灵活地使用右手。

有人认为，认为要是去训练先天喜欢用左手的人改用右手，就会使那个人口吃。其实，对于该现象可以这么理解：对于那些惯于使用左手的孩子来说，所要承受的困难超出常人，有时候，甚至不再有勇气开口。对此，我们也能在那些诸如患有神经官能症的人，以及自杀者中找到实证，他们总是很容易丧失信心，并且大多数都是左撇子。不过，从另一个角度而言，不再受左撇子所困扰的人之中，也有不少在自己今后的人生中取得了成功，这样的情况常出现在艺术领域里。

虽说惯于使用左手并不是什么明显的性格特点，可我们仍能从中看出一些很有价值的观点。我们无法看出，在那些经不起考验和磨炼的孩子身上，有什么潜在的能力还没有发挥出来。倘若孩子在经受磨砺的过程中因没有做好就被我们吓倒的话，就难以再期待什么美好的前途了，尽管这在表面上不会影响其继续好好地活下去。可相反地，倘若我们能激发出孩子的勇气，就很可能成就他们在日后取得更大、更深远的成功。

人们习惯于按照一般的成功标准来评断孩子，因此，对他们有没有受训的经验，有没有准备好去应对困难，是否决心想要克服它们，就常常不那么在意了，所以那些野心过重的孩子便不免要在对他们不利的环境中成长了。如今，人们一般都会更在意孩子的成功是否具有可见性，却不会在其所受的教育是否全面、是否透彻上下一番功夫。让孩子通过锻炼而拥有强大的野心是没有什么益处的，我们都很清楚，轻而易举得到的成功都是暂时的，无法长久。所以说，我们应该加以关注的是：让孩子们意识到，失败并不可怕，碰上了也不必灰心，可以将这视为一个新出现的问题，好好地去解决就可以了，让孩子们在其中培养出勇敢、坚持和信心，这才是更重要的。不过，要是老师在教学过程中，知道一些学生在困难面前其实已经倾尽全力了，可还是无法取得突破性进展的话，那么及早下判定，反而会有利于孩子，令其能够更轻松地前进一步。

我们在追求优越感的孩子身上能够发现，他在性格上也会体现出"追求优越"的特质。比如说：争强好胜。起初，孩子会以争强好胜的方式来实现自身对于优越感的追求，可一旦被其他孩子远远地甩在后头，就明白要想超过他们几乎是不可能的了，届时，也就不再抱有超过他们的想法。然而，对于那些表现得不那么有野心的孩子来说，不少老师要么选择以严厉的方式去对待他们，要么就以低分来打压他们，希望以此来警醒学生，让他们的好胜心能通过这种方式从沉睡中苏醒过来。该方法用在勇气尚存的孩子身上倒还能起到些作用，可并不适合广泛运用；而要是用在一些原本就成绩不好的孩子身上，则会使原本就成绩较差的学生急得不知如何是好，致使其越来越朝着相反的方向发展。

然而，要是我们能够对孩子们温柔以待，关心他们，理解他们，那他们所呈献给我们的将是另一番光景，我们肯定会讶异于这些孩子竟然能在思维力和能力方面做得那么好。我们转变了，孩子也会跟着发生变化。他们一般都会变得更加要强，这千真万确，因为他们再也不想退回到当初那副样子，在他们的脑海里会重复过去生活的影像，并且能经常想起那时候自己真是空有想法却什么也没做，这会成为一股鞭策的力量、一种促使其更加进步的警醒之法。往后，这类孩子便会像被魔法附身了一样，仿佛变成了另一个人，过着与先前全然不同的生活：夜以继日地让自己疲于忙碌，学习得异常辛苦，可依然感到不满意，认为还是做得太少了。

　　不管是成人还是儿童，每一个人的人格都是一个完整的统一体。每一个人在表达其人格的同时，都反映出其逐渐成形的行为模式，如果我们能牢记这个主要的个体心理学思想，那么，所有的一切也就明朗了。人在表现出某个单一行动的时候，可以有多重解释，因此，怎么能离开个体人格去判断其某个独立的行动呢？比如说，当我们看到学生有拖延、延迟的情况时，就应判断出，这么做对他来说很正常，因为孩子必然会对学校布置的任务做出如此反应，因此，就不存在无法判断的困扰了。他之所以会拖沓，不乐意及早完成任务，只不过是不想跟学校的事牵扯上关系，所以就表现成不乐意做好校方下达的指令。实际上，他是要想方设法地不配合校方的安排。

　　如此，我们便可以基于以上观点了解"坏"学生是怎么形成的了。发生这种令人不满的情况，表面上是孩子往往不履行学校的规定，而实际上是因为他们追求优越的心理尚未转变成在接受学校安排的基础上追求卓越。所以，就会在行动上演变出一连串典型的"坏"的症状，而后，又渐次发展下去，变成怎么教育都不听，并且还有意与校方对着干。这样的孩子会在学校里像个"小丑"，不时地调皮捣蛋，也会给同学找麻烦，甚至会逃学，跟社会上的一些不正经的人混在一起。

　　由此看来，我们不单影响着学生们的早期成长，还在其未来的发展进程中起到相当大的作用。学校是联系家庭和社会的纽带，毋庸置疑，它也在发挥着至关重要的作用，一个人未来将会如何发展，必然会与其在学校期间的经历息息相关。在家里要是受到了不恰当的教育，是可以在学校得到弥补的，这样，孩子们就可以有机会纠正那些不好的生活方式了。因此，校方应负起责任，为学生打好基础，方便其更好地适应社会，并尽可能地令其充分发挥出自己的特点，以便将来在融入社会生活时，能与这个"大乐队"相处融洽，在其中发出和谐之音。

在对学校功能进行一番历史性的考察后，我们便可发现，它总是在当下与统治者的标准密切相关。从贵族时代到宗教时代、以及布尔乔亚中产阶级时代，都是如此。所以，学校在教育孩子的时候，往往都会以当时的社会理想为基础去打造它服务的对象。如今，我们的整个社会理想在发生变化，相应的，我们的学校也得与之相适应。如果说当代成人的理想是独立、自律和勇敢的话，那学校就必须得调整自身方向，朝着这个目标努力培养出这样的人才。换言之，对于校方来说，务必得谨记以下这一点：要为社会培育人才，而不是为学校自己的目标而培育学生，绝不能以自身目的为出发点对孩子进行教育。所以，仍需留意那些不再抱有争取进步希望的学生。他们不见得是在心理上不再追求优越感了，而是暂时把目光聚焦到了别处，觉得做些轻松的事，不但不用太辛苦反而能轻易成事，且不说他们认为的是对是错，至少他们自己相信这么做是通往成功的捷径。

　　作为教师，应当把握住学生的长项，以此来作为冲破其他问题的关键所在，而不是去忽视它们，应该把重点放在鼓励学生的优点上，好让他乐于在其他领域也争取到这样的好成绩。若学生的优势在起始阶段就得到老师的鼓励，并在老师的帮助下认为自己一样也能在其他领域大显身手的话，效果肯定是成倍显现的。这就好比让一个学生从一个满是硕果的果园，走进另一个生机勃勃的园地。除了智障儿童之外，正常的孩子都是有能力来完成自己的课业的，所以，只有一点是需要我们加以克服的，那就是客观人为性的阻碍。而人之所以会插手干预孩子的发展，还是源于我们是以学生的成绩为基础来对其做出评判的，而非源于教育的最终目的和社会整体的要求这两个前提。在人为因素的干扰下，孩子会渐渐失去信心，不想再做任何对自己有意义的行动，因为这么做无法使自己获得优越感。

　　当孩子的行为被人为干预之后，会采取什么行动呢？必然是想办法逃离。所以，我们往往可以见到这样的孩子总是做着与众不同的事，显得特殊又怪异，比如固执、没礼貌，等等。当然，老师不可能表扬这样的孩子，可这么做却能被老师关注，又或者，能使别的同学对其刮目相看，崇拜有加。总之，这类孩子会频繁地制造问题，以此来彰显自己是有本事的，是英雄式的人物。

　　当学校考验学生们的时候，他们的心理表现就会显露出来，同时，也会暴露出其不守规则的一面，即使如此，根源也不在校方。因为，从某种意义上来说，学校是被动的一方，除承载着主动教育学生的一面及帮助孩子改正错误的行为之外，它也是一块实验田，孩子们在这里会显露出家庭教育对其成长早期所造成的弊端。

不少孩子在入学的头一天里就会显露出种种迹象，要是老师称职又有敏锐的观察力，那他一定能够从这些蛛丝马迹中发现孩子是否适应新环境；要是感到痛苦、难受，那孩子可能是在家里被过度宠溺惯了。倘若学生在入学之前就能明白一些人际交往方面的知识，无疑是件好事，可大多数的学生恐怕还没与他人接触的经验，因此，对他们来说，怎样提升良好的交际能力才最为要紧。作为家长，不能让孩子在家只跟某一个家庭成员太过亲密，眼里再没其他人，而孩子在家庭教育中所欠缺的，应当在学校生活期间予以更正。对孩子来说，自然是不存在家庭教育的缺失为好。

孩子在家已经被宠溺惯了的话，是不可能把心思集中起来的，比起待在学校，他们看起来更愿意待在家里，其实这样的孩子还尚未建立起有关学校的意识，因此，希望这样的孩子能够在学校专注于课业，基本上是不可能的。事实上，孩子是否讨厌上学是有迹可循的，这一点不难觉察，比如，孩子早上会赖床，不得不由父母哄着才起；做什么都慢吞吞的，不得不由大人反复敦促；用早饭时拖拖拉拉，等等。这些现象看起来就好像是孩子本身在为自己设限，不让自己再前进一步似的。

这一问题实际上与左撇子那个问题差不多，可以用同样的方式解决，即充分给孩子适应和学习的时间。要是孩子偶尔迟到了，我们也不要因此而施以惩罚，因为这么一来，会促使他们更加认定，在学校是难以在心理上产生愉悦感的。当小孩受到惩罚后，只会更加觉得学校不是久留之地，根本无法与之相容。倘若父母的惩罚手段是体罚，以此来强行让孩子去上学的话，那结果就是孩子不仅拒绝上学，还会变着法地逃避去学校，用各种方式规避自己的境遇。当然，他们能想出来的方法不是为了解决困难，而是寻求种种逃避之法。孩子是否把攻克自己的学业当成难题，是否讨厌去学校，并不难发现，我们可以从其一举一动中看出些端倪。比方说，孩子总是丢三落四，无法把自己的书本归拢在一起，要么就忘了带书，要么把本给丢了。倘若一个孩子老是忘带课本或习惯性地找不着课本，那么我们当可判断其在学校的状态，想必这孩子不会乐于待在学校。

　　倘若我们对这类孩子好好考察一番的话就会发现，他们都不寄希望于取得好成绩，然而，这却不都是他们的错。他们之所以对自己评价不高，是由于受了周遭环境的影响，进而有了不正确的观念。比如，自己的家人在愤怒的时候或许曾对他们说，以后你肯定落不到好；又或许，家长常在生气时说，你真笨，一点儿用也没有。孩子在这种情况下入学后，就会感觉自己在学校的生活恰好印证了家长说的是对的。结果，孩子因自身没有完全的判断力及分析力，而导致自己不能正确地看待自身对于事物的观点，使得很多孩子在开始努力前，就不再抱有任何希望了。对他们来说，自己做错什么都是无法避免的，并且正是这些错误又再度证明了自己确实比不上其他人。

只要开始犯错，那么要使其更正过来的可能性就很小了，事实就是如此。此外，这类孩子虽然也会做出显而易见的努力，可最终几乎还是难以与别的孩子比肩，被落在后头。事情既然是这样，他们就会理所当然地在短时间内就不再抱有什么希望了，然后把心思转而放在为不去学校寻找托词上。一直以来，学生逃学都被看作是最为恶劣的一种行径，对孩子来说非常危险，后果非常严重。因此一般而言，对逃学的学生的惩罚力度也相应更严苛一些。而孩子在面对这样的惩罚时，会觉得自己是被逼无奈、为了自保，才不得不动用些心计并用假象来掩饰自己的行为的。除了逃学，学生们还会通过其他方式犯下种种过错，比如，假冒家长签字；私自改写成绩单；告诉家长自己在学校的情况，但都是骗人的，实际上他已经好久都没去学校了；在上课时间找个地方躲着翘课等。显然，在藏匿的地方他们遇到的都是一个类型的孩子——旷课生。孩子开始不上学之后，便很难再追求优越感了，而如此一来，就更趋向于朝着不好的方向发展，更有可能会触犯法律。接着，他们还会在这条路上渐行渐远，最终走向拉帮结派、偷盗财物、沾染恶习等犯罪之路。因为在他们看来，唯有做出这样的事才叫"真汉子"。

他们只要在这条路径上跨出很大的一步，就会开始实现自己的野心了。倘若他们还未发觉自己的错误行动，那么下一步，便可放开膀子好好进行下去了，什么狡诈的罪行都无不可。这样的孩子会坚持认为，自己在别处都会是失败的，因此纵使是独断专行也要一直走下去，这就是为什么大多数此类孩子不愿放弃做违法乱纪的事情的缘由。对他们来说，已经想不到什么有益的、有建设性的事了。相反地，他们只会与同伴争个高下，并在其野心一步步放大的驱动下，一次次犯下新的错误，进一步去触碰法律的底限。当一个孩子开始有犯罪倾向的时候，我们可以发现，他在心理上其实同时也很自负。究其根源，与其野心一致，这类孩子就是在野心和自负心理的驱动下，尝试着用一种方式来寻求自我突破——当难以在积极的方面谋得生活的一席之地时，便会向着生活中消极的方面谋求自己的位置。

　　下面有一则案例，讲的是一个孩子夺去了自己老师的生命。在审查这一案例的时候，我们发现，该男孩有着上面所提到的那些心理特征：这个男孩子家请了一名女家庭教师，专门负责教育他，女教师深谙人心，其中包括心理功用及语言表达等方面，因此，孩子在很小的时候就被她管束起来，生活在紧张而又小心谨慎的教养氛围里。在开始的时候，小男孩给自己设定的目标有些高得离谱，而后逐渐变成觉得定什么目标也实现不了，换句话说就是，已经对自己感到失望，不再抱有任何信心了。不管是在生活中，还是在学校里，他的希望都难以得到满足，所以，他便不再在这两处寻求希望，而是开始有了做非法之事的行动。藉此，他就可以不用再受约束了，不论是学校的老师，还是专门指导儿童心理发展的家庭教师，都管不了他了。当今的社会，并没有出台有关犯罪，特别是问题儿童犯罪的相关教育处理办法。然而，根本问题恰恰在教育上，这才是能够使缺憾心理得到矫正的根本所在。

有这样一个奇怪的现象，相信那些从事教育相关工作的人都是熟识的，即任性且自负的孩子，多出自教师家庭、医生和律师家庭。这一情况十分普遍，不止在那些相对不够专业的教育人士家里经常发生，连高水准的教育者家里也是常见的。这些搞教育的人虽说在业界享有一定的权威，可在他们自己家里，却似乎没有能力创造出祥和与秩序。针对这个现象，我们可以这样理解：某些重要观点放在这样的家庭里，要么就没有被重视起来，要么就是家庭成员无法理解。其中的原因还包括家里男主人的设限，他一方面作为从事教育工作的专业人员，另一方面又以父亲的权威以严厉的方法来制定孩子的教养方式。他们认为自己极具权威性，因此便制定下金科玉律，让孩子必须履行，对于自己的孩子，他们往往压迫得很厉害，甚至对其自主性加以威胁，使其必须听命于自己，而无法独立自主。这样的做法，好像是在迫使孩子唤醒其反抗情绪，逼得他们想要对施加在自己身上的棍棒加以报复，因为，在孩子的印象中，这样的压迫早已深藏在心。我们必须要记得：只要父亲有教育子女的某种目的，那么他就会对孩子的事尤其上心。这在总体上是好事，可对子女来说，结果却未必也好，她们会乐意成为被关注的焦点，并将自己看成是父亲用来展示教育经验的试验品，但却只能被动接受。她们会认为不是自己做出的决定而是别人，因此，别人才应该是责任方，遇到困难时也理当由别人负责而非自己，至于他们自己，是不必为困难负责的。

▲ 人性和对优越感的追求是紧密相连的，这也是人类提升自己潜能，不断寻求超越的生物本源。但对于孩子来说，追求上进固然是好事，但若有过于强的野心，并为自己定下过高的目标，却又因客观因素的制约难以实现时，便会让孩子产生自我否定，变得不自信，不利于孩子身心健康、正常发展。我们应认识到，过于轻易得到的成功都是暂时的。要学会在目标与自身条件的关系中达到内心的平衡。

/第三章/

该怎样引导孩子去寻求优越感

▼

▼

所有的孩子都会寻求自我优越感，这一点我们已经清楚了。基于此，老师或是父母的主要任务就是去引导孩子，朝着对其有益的方向发展，在他们能够取得成就的路径上去帮助孩子追求自身优越感的目标。所以，不论作为父母还是教师，都须保证自己所做的是能让孩子在通过自身努力之后可以获得健康的心理优越感及幸福感，相反，并没有做什么会成为引发孩子精神问题或精神混乱的引导。

这样的工作该怎么展开呢？孩子的努力到底是否有益于他们自己？什么才是有益努力的基础呢？这些问题回答起来应该是这样的：以与社会公众利益相符合为基础。要是什么人的成就与其彰显出的价值跟社会利益毫无联系，这怎么可能呢？让我们来回想一下，被我们理解为是伟大创举的那些高尚的、崇高的、有着非凡价值的人和事，无一不是既有利于创造者本身，又有益于社会大众的。所以说，我们在教育孩子的时候，主要就是要使其社会情感得到加强，换句话说就是让孩子在意识上与社会价值紧紧地联系在一起。

倘若孩子不清楚什么是社会情感，那就很容易变成问题儿童，其追求优越感的心理就未被朝着有益的方向引导。

人们在理解关于"对社会有益"时，自然是每个人有不同的看法，但大家也会认同这样的观点：要判断一棵树的长势，只要看其结出的果实就知道了。因此，人的特定行为是否会有益于社会，也可以由结果来判断。由此，我们也需要考虑这期间所花费的时间和效果，在人的特定行为作用于社会的时候，不免与现实逻辑相冲突，有碰撞就能知道人在行动时联系大众的需求有多少关联了。要想进行价值判断，其标准就是事物的一般构建是不是与标准相统一。结果迟早会显现，好在我们在日常生活中所进行的判断并不是太过复杂，无须用繁杂的技巧做出评断。此外，我们对于社会变迁和政治方向是难以预估结果的，因此，在这些领域还存在着一定的争议。不过，人们在集体生活及个体生活方面，最终还是可以看到自己的行为是否确实有益于社会，又或者，是与社会毫无关联的。这是因为，我们若以科学的视角来看待问题的话，就会知道：若非某个处理方式出自绝对真理，否则，这世上并没有全然无害的事物，只有真理才能解答人生中遇到的各种问题，因为，这些问题受制于关于宇宙、地球及人类关系领域的逻辑。对我们来说，源自客观现实、人类及宇宙方面的制约，就好像一道未必能解答出来的数学题，答案就藏在问题背后，我们只能在围绕着这个问题展开的有关材料中才能了解，我们给出的答案到底对了几分。但同时我们也未必能够把握住解答的时机，这令人感到有些可惜，因为有时候由于久久等不到答案，使得我们再没有时间去修正其中的错误之处了。

　　人都无法以一个逻辑和一种客观视角来审视自己的生命，因此，人们大多不清楚自己的行为模式是相续发展、前后一致的。所以说，有些人在生活中出现问题后就感到害怕，觉得问题出在自己的选择上，是因为选错了路才会招致困难，而不是想办法解决问题本身。对此，我们应当牢记这一点：孩子并不清楚自己在生活中所遇到的问题究竟意味着什么。所以当他们偏离正确的轨道时，是无法在消极的经验里得到正面教训的。故而，我们十分有必要让孩子了解：生活本身其实是连续发展的，这期间所发生的每一个事件都是有关联的，应该把它们看作是贯穿生命始终的线索。眼下发生的事，不可能单独从他的生命中被抽离出来看待，因为，要想解释当下为什么会发生这件事，就得联系在此之前的事情。当孩子知道了这一点，才能更深入地明白自己为何会脱离正轨。

　　对于优越感的追求，在方向上有正确和错误之分。在我们进一步探讨该问题前，我想先说一下另一个问题，即懒惰。孩子们都会追求潜在的优越感，然而从表面上来看，懒惰却与此总论调相矛盾。可真实的情况是，人们在指责孩子懒的时候，指的是他上进心不足，且志向不够远大，可要是对这样的孩子详加审视的话就会发现，人们普遍都理解错了。事实上，在懒惰的孩子身上有着不少的优势：用不着担负他人的希冀；尽管在一些地方被认为没用，可要获得原谅也很容易。懒惰的孩子总是显得对什么都不太在意，一副散漫的态度，不愿为争取什么而去努力，可这却反而能够获得他人的关注，最低限度也会让父母为其劳心劳力。试想，别的孩子千方百计地努力，不就是想获得他人的关注吗？由此就不难理解，有些孩子会用懒惰这一招来吸引别人的关注是出于什么目的了。

不过，这还不足以解释懒惰心理的全貌。不少孩子会以懒惰作为工具来改善自己的境遇，因为人们常常会误认为他们能力不足、得不到好成绩只是因为犯懒而已。所以，人们不会对这类孩子的能力过多责备，反而常能听到家人会这样说自己的孩子："他要是不犯懒，什么事都做得成！"人们对于"因懒惰才没有获得好成绩"的这种认可，会使这类孩子感到很满意。毫无疑问，他们对自己缺乏信心，而恰好这种认可能使他们的自尊心获得满足，这样，就不用以获取成功的方式来弥补缺失的信心了。在这一点上，成人和孩子有着同样的心理。在"假如不是出于懈怠，其实我是什么都能做好的"这个句式中，"假如"看上去是那么回事，实则不然，只是使懒惰的孩子更易于接受自己的失败感罢了。这类孩子只要付出切实的努力并有所成就，那么在他们的心里，这些努力做的事情就会被附带上某种特殊意味。先前，他们什么成就也没有，然而只要取得那么一点点的成绩就会明显变得不一样了，因此结果就会是这个样子：懒惰的孩子只要有一点儿成就就会被人称赞，但那些始终付出努力的孩子却不会因为获得比他们多得多的成绩而受到相应的表扬，相反地，被称赞的次数反倒不多。

人们所不知道的是，在懒惰这一行为的背后其实隐藏着一种技巧。这类孩子就像行走在钢丝上的表演者，他们不用担心自己会掉下去，因为下面早已铺好了一张不会令他们受伤的保护网。人们在批评孩子的时候，对于懒惰的孩子总会更温和一些，并且在批评的时候，一般也不至于使他们的自尊心受到打击。总而言之，对于那些信心不足的孩子来说，懒惰就像是一种保护自己的屏障，即能使人们忽略他们没有能力的一面，同时也是最好的借口，凭此，他们就不用努力去解决困难了。

当前所施行的教育方式其实恰好是懒惰的孩子的福音，他们就是要如此，我们只须做一番考察就能发现这一点。小孩子越是因懒散而被责备就越是感到满意，因为这样一来，人们就会忙着操心他们的事，而在没完没了的唠叨声中转移注意力，把他们真实的能力问题给忽略了，他们恰恰就是希望如此，同样地，惩罚他们也能达到一样的效果。因此，老师若是以惩罚的方式想要使孩子变得勤快起来的话，怕是终会失望的，因为，一个孩子要是真心想要懒惰，那么不管惩罚多么严厉也不可能改正过来。

孩子也不是就不会发生转变，不过得是他的境遇发生了变化。比如说：他无意间成功了；老师由严厉型换成了温柔型，新老师比较能理解他，且对他说话的时候态度诚恳、认真，还会适时地鼓励他而不是常常打击他。当孩子遇到这种情况时，便有可能突然就变得勤快起来。部分孩子的学业在最初的几年中始终不温不火，直到环境发生变化，如进入了一所新学校，才开始有了突破性的进展，一下子开始加倍努力起来。

还有一部分孩子也会想方设法规避自己的任务，他们并不是借助于懒惰这一方式，而是靠"装病"。此外，有部分孩子会在考试期间发生情绪变化，显得异常兴奋。他们以为，自己都这么紧张了，老师一定会多关注、多照顾自己一点儿的。同样，爱哭的孩子也有着相同的心理特点。不论是紧张还是流泪，目的只有一个，那就是以此作为借口而享有某种特权。

还有一部分孩子也像上面提到的孩子一样，希望享有某种特权，这类孩子大多存在着一定的身体缺陷，因而希望能够获得某些特殊关照，例如口吃儿童。绝大多数处于学语期的幼儿都有点轻微结巴，常在幼儿身边的人一定对此并不陌生。我们已经知道，人说话的功能是受诸多因素所影响的，有的人语言表达功能发展得快，有的则会慢一些，这主要取决于孩子对社会情感感知的强弱程度。比起那些不爱与人亲近的孩子来说，乐于跟他人接触，并具有一定社会意识的孩子则会在学习说话的过程中学得更轻松一些。此外，还有一种情况，那就是孩子们在一些场合下是无须言语的。比如，受到过度保护的孩子，以及那些被宠溺着的小孩。他们所面对的真实情形是家人总是在他表明意愿前就已经能够解读出来了，并且会及时按照自己的猜测对其诉求予以满足。不过，在这一点上，要排除那些有聋哑问题的孩子，因为像这样去照顾他们是很自然的。

部分幼儿直到四五岁时还不会讲话，这让父母十分担心，怕孩子会不会是有听力或语言障碍，可他们用不了多长时间就会意识到，孩子在听力方面是不成问题的，于是认为自己的孩子不可能成为聋哑儿童。然而，我们也不难发现，这类孩子所生活的环境的确有问题，对孩子来说讲不讲话似乎是无所谓的。俗话说，把孩子所需的所有东西都置于银盘之上呈现给他，他就没有必要再发声了，这话说得一点儿也没错，如此一来，他很可能会延迟说话的时间。所有的孩子都会用话语来表达自己是如何追求优越感的：他们咿呀学语并为父母送去笑声时是这样，需要得到平日里所需的事物时也是如此。所以说，孩子对于优越感的追求及追求的方向，就体现在其说话的能力上。反之，倘若孩子没有咿呀学语的机会，不能通过言语来传达自己想要什么，那他的表达能力就会相对滞后，不能正常发展。部分孩子会出现语言方面的某种缺陷，比如不能准确地发出类似"r""k""s"这样的音来，不过这不难纠正过来。但不少成年人却也有口吃、说不清楚话，或是咬舌的问题，这就很奇怪了。

有口吃的孩子一般会随着年龄的增长逐渐恢复正常，有治疗需要的小孩并不多见。下面我们将讲述一个案例，而口吃的疗程大体像这个十三岁男孩的治疗过程一样。

这个孩子开始接受治疗时只有六岁，一年后并没有什么起色，因此在随后的一年里，他就没再接受专业化的言语辅导。到了第三年，一个新的医生接手了对他的治疗，然而，这一回同样没有什么起色。于是，在第四个年头里，他又再次放弃了治疗。当病情发展到第五年时，一个专门治疗言语方面的医生在最开始的两个月里开始继续为他治疗，结果，情况更加严重了。接着没多久，孩子就又被送进了学校，在那儿有专业纠正语言的老师。这一次，经过两个月的连续治疗之后，终于开始好转了，可半年后，病情又开始反复了。随后，另一位医生接管了他的治疗，这个专门矫正语言的医生用了八个月的时间却失败了，不但没有治好男孩的口吃，反倒让病情恶化起来，于是，另一个医生又尝试了一番，结果还是失败的。次年夏天，他的病情有了好转，然而，到了暑期结束的时候，他还是回到了原来的状态。

在治疗的时候，主要采取的方式是：要男孩大声朗读，放慢语速说话，进行口头上的锻炼，等等。在这个过程中人们发现，当孩子处于某种兴奋状态时，可以暂时控制住口吃的毛病，可过不了多久又会退回去。但事实上，他除了在很小的时候从大楼的第二层摔下来过，有过一小段脑震荡史之外，并不存在其他身体器官方面的问题。

这个男孩有一个老师，认识他已经有一年了，这个老师在形容他时说："这孩子的教养不错，人很勤奋，总会脸红，还有就是脾气差点，他不大擅长法语，地理学也学得比较吃力。"据这位老师说：男孩总是在考试时显得情绪格外激动，喜欢运动，特别是体操，此外，对技术活儿很感兴趣。他跟同学的关系都不错，不过尚未看出他有什么领袖特质，但他偶尔会与弟弟发生争吵。除此之外，他还惯用左手，十二岁那年曾有过一次右脸中风的经历。

这孩子的家庭情况是怎样的呢？他有一个家庭教师，因此多数时候都不会出门，但他非常向往自由。他的爸爸是个生意人，精神总是紧绷着，只要发现自己的孩子犯口吃的毛病，就会严厉地加以训斥。尽管如此，孩子最害怕的却是妈妈，并觉得她待自己是不公正的，给予了弟弟更多的关爱。

在如上事实的基础上，我们就可以得出这样的结论：孩子脸红的事实证明，只要他与人接触就会感到紧张，且这样的情绪只会向上增长。在这一点上，与其习惯性的口吃有关。对他来说，口吃早已被他系统地机械化了，因此，就算是由一位他所爱戴的老师来治疗他，也不会成功。相应地，他这口吃的毛病也同时传达了不喜欢别人的意思。

就像我们所了解到的那样，形成口吃的动机与当事人所处的外在环境关系不大，主要是其在以何种方式来统觉自己的处境。在心理学范畴，易怒是有明显含义的，即性格脆弱的人都会借由发怒这个反应来表达，是希望获得优越感，希望能被人认可的意思。由此来看，他并非是个消极被动的孩子。另一方面，与弟弟总是争吵，恰恰证明了他感到失望并且已经失去信心了。此外，他在考前总是情绪特别激动，这是因为，一方面他自觉没有别人的能力强，另一方面又担心自己会失败，而这都促使他心里更紧张了。这孩子有着超强的自卑心理，而这种心理又使他在追求优越感的道路上，朝着并不有益于自己的方向发展。

在这个家庭里，是以弟弟为中心的，因此，他之所以愿意去学校，不过是因为在那里会比在家要好一些。或许他有口吃的问题是由于身上有某个器官受损了，或许是由于曾被吓到过，不过，它们中的任何一个原因都不过是种助力，让他变得越发没有勇气。而对其勇气造成极大影响的是他因弟弟的存在而在家里被忽视。

还有一个事实显示出这孩子确实在家里受到了冷落，那就是他一直到八岁的时候还会尿床。通常这一症状会发生在一些先是受宠，后来又坠落"皇位"的孩子身上。尿床是一个信号，它明确地显示出这个孩子一直想要引起妈妈的关注，就是在夜里也一样没有放弃，而他这么大了还会尿床，恰恰表现出被妈妈忽视的现实是他所不能接受的。

对于这孩子的口吃问题，我们当以鼓励的方式，再配合教育，来使他开始独立起来。在这个过程中，可以让他去做一些他能够做好的事情，如此一来，便可使他重新建立起信心了。这个男孩子觉得弟弟的出生令自己很不快，也确实承认自己是这么想的。对此，我们需要告诉他，他已经步入了歧途，因为嫉妒心已使他偏离了正轨。

口吃的人所表现出来的症状还不止这些，我们再来说说其他值得一提的事。当口吃的人兴奋起来时，会怎么表达呢？实际上，多数口吃患者都会在生气或是骂人的时候言语表达顺畅无碍，丝毫看不出他还有口吃的毛病，而年龄较大的口吃患者，则能无障碍地背诵，或是与爱恋的人沟通。因此，我们就这些事实可以明白，一个人会不会口吃，至关重要的一个因素就是：他与别人的关系是否能向良性方向发展。对小孩子来说，当他面对别人的时候，势必就要接触那个人，就要用自己的语言来传达心意，而这时候，他们往往就开始紧张了。

通常，人们并不会在意那些能够顺利学会说话的小孩，不是特别留心孩子在言语方面有什么问题，可相反地，要是孩子的语言能力出现了什么问题，就会成为全家人的话题了。口吃的孩子就是如此，家人都会以他的这个问题为中心去予以关注。对孩子来说，他也会开始格外留心自己的言语，于是，开始有意识地关注自己的表达，有意地加以控制。但这不会在能够正常言语的孩子身上发生，因为人本身是可以自如控制自己的，要是这个无意识的操作变成了有意为之，后果只会使所针对的器官功能不能自然发挥。有一个例子可以很好地说明这一点，那就是梅林克为儿童所创作的《癞蛤蟆出逃》的故事：

有一天，癞蛤蟆碰见一个动物，它长了一千条脚，于是，它立马就开始表示赞赏，它问这个动物："你能不能跟我说说，走路的时候你会先迈哪条脚呢？其他的九百九十九条脚又是怎么随后依次跟上的呢？"有着一千条脚的动物听后，陷入了思考，并且开始盯着自己的脚，它想要控制住这些脚，可很快就被搞迷糊了，以至于再也跨不出一步。

尽管我们在把握自己生活的方向时，有意识地去加以控制很有必要，可要是打算将所有的行动都一一加以管控的话，无疑只会害了自己。只有在我们放松身体，让它自由发挥的时候，才能创造出那么多不朽的艺术品。

孩子有口吃的毛病会给自身及家人造成不少影响，一方面家人会对患有口吃的孩子予以同情，并会尤为关注他们。此外，对孩子来说，未来也很可能会受此影响，然而，还是有不少人会选择给口吃找借口，逃避这件事，并不打算使现状有所改善。不管是父母还是孩子，都有这个问题。显然，人们并不寄希望于将来。特别是小孩子，他们更希望能够长久的维持这种表面看上去是劣势，而其实却能满足自己依赖心理的优势。

巴尔扎克写过一个故事，能够很好地说明这个问题：当劣势变得太过明显时，反倒可以转变成一种优势。他在故事中刻画了两位正在谈生意的商人，过程中，两人都希望能占到对方的便宜。他们开始讨价还价，其中一个人突然结巴起来，随后，另一个人很快发现，他竟然是想通过这种方式来为自己争取思考话语的时间，因此，马上就想到了该如何应对，这个人对付那个口吃对手的方式就是装聋。如此，他的对手就因不得不费力地让对方听见自己的声音，而不再处于上风了。于是，双方也就都没什么优势可言了。

我们在看待口吃儿童的问题时，尽量不要太过于苛责孩子，虽说他们偶尔会利用这一点来为自己争取些时间，或是逼着他人不得不耐着性子听完他的话，可不管怎么说，我们还是应该多鼓励他们，并且多温柔地善待他们，因为要想使他们的问题取得根本性的好转，就必须友好地加以引导，并使其恢复信心。

▲ 每个孩子在成长的过程中都会追求优越感，为了避免孩子以一些不合适的行为来引起大人的关注，我们应着重培养孩子的社会感情，为孩子树立社会意识，使孩子的努力向一个能切实有所成就的方向展开。

/ 第四章 /

自 卑 情 结

▼

▼

在我们的身上，或多或少都会同时存在着优越和自卑的心理。正是出于自卑，我们才会对优越有所追求，所以说，我们都希望借由努力获取成功而降低自身的自卑心理。事实上，若非不能自由地追求优越感，或是身体器官出现了问题，而使得自身再难忍受越来越强烈的自卑情绪的话，是不会由于自卑而产生明显的心理阴影的。只有这两种情况出现时，才会令人产生自卑情结——当人的自卑感超出所能承受的范围，已经变得有违常情时，就会迫切希望进行心理补偿和谋求不现实的心理满足，然而，这又会阻碍人们获取成功的通路。因为，当自卑心理过重时，就会使所经受的困难变得更为夸张，且令自己没有足够的勇气去对抗它。

对于当前所论述的自卑情结，我们重新回到那个十三岁口吃男孩的案例上。我们已经了解到，这孩子之所以一直有口吃的毛病，有一部分原因来自于他缺乏信心，反之，口吃又促使他更为自卑，所以对他来说，已经形成了恶性循环，有了神经性的自卑情结。男孩对自己已经不抱什么希望了，只想躲开他人，甚至可能还会想到自杀。其实，口吃只不过是其生活方式的一种衍生物，他要靠此来表达自我。这样，就可以使周围的人在这个问题的影响下必须把自己视为关注的焦点，并且在一定程度上弥补了他自卑的心理。

男孩希望自己能够成为那种有所建树，且有一定权威和影响力的人，因此，需要让自己看上去很亲切、易于相处，在以后工作上能够稳扎稳打，所以说，他给自己制定的目标有些过高了，且不正确。除此之外，他还需要一个应付失败的借口，而口吃就成了最好的挡箭牌。这个案例无疑对我们有特殊含义，总体看来，他的生活是向好的，只不过从某种程度而言，他在判断力和信心方面出了点差错。

缺乏信心的孩子一般都不认为自己有能力取得成功，而口吃只不过是这类孩子所选择的借口之一。拿这种借口当手段是很自然的事，就好像动物们都有大自然赐予它们的武器——通过利爪、犄角来保护自己。所以说，孩子之所以会动用这类手段的原因是很明显的，那就是，由于自身非常弱小，少了这种外在的手段就无法生活，再加上他们几乎已经完全丧失了信心。还有些孩子会以另一种手段来达成目的，那就是尿床。这一现象说明，孩子尚未有脱离婴儿期的愿望，这样，他们就还能像作为婴儿时那样，感觉不到痛苦，也不用操心什么。其实，他们的大肠和膀胱什么问题也没有，只是想借此让父母或是老师更加心疼他们，当然，与此同时还有可能让自己受同伴们的嘲笑。总之，不论是尿床还是口吃，都只是儿童处于自卑时期的一种自然流露，又或许不过是因为不知道怎么去满足自己所需的优越感而自然的表现成了某种问题，所以，我们不该将这些有自卑情结的孩子的表现视为一种病态。

我们不难想象这孩子的口吃问题是如何形成的，一开始，或许并不严重，只不过是在生理上出现了一点问题，然而，原本一直以来都是家里唯一的孩子，妈妈也总是会把心思都放在他身上，可当他慢慢长大后，却再也感受不到家人的关心了，因此，他就想到要换个方式来引起大家的关注。在这里，口吃之于这个男孩的意义有很多，比方说：家人会在他说话的时候，对他的吐字会非常关注；父母会把本来用在弟弟身上的时间和精力挪出来一些，用来照顾他。

他在学校同样也是如此。由于口吃，老师只得腾出更多的时间来照应他。因此，他在家里和学校，就借着口吃的问题而获得了与旁人不同的关照。虽然优等生会成为众人的焦点，可他同样也能让大家把关注的焦点都放在他身上。

尽管老师会由于口吃一事而优待这个孩子，可这毕竟不值得提倡。因为，对这个孩子来说，当众人不再像他所期望的那样对他予以关注时，会反而使他受到超出一般孩子的伤害。他在家里就是如此，当弟弟取代他的位置成为焦点之后，他就很难开心起来了。与正常的孩子相比，他并不能像他们一样将自己的兴趣点移至别处，而在家里，他又只关心母亲的态度，对别的成员丝毫没有兴趣。

在治疗这类孩子之前，我们要做的就是：首先，让他们变得勇敢起来，并相信自己有能力做到；同时，在态度上不应过于严厉，不能以恐吓的方式吓到他们。还有一点十分重要，我们要多同情他们，跟他们保持一种友善的关系。不过，做到这些还不足以使他们康复，这只是与他们建构良善关系的一部分，我们还需借此来鼓励他们勇于上进。要想令这类孩子稳步向前，我们必须得让其自主独立起来才行，在这个过程中，可以运用一些灵活的方式来操作，从而让孩子们从心底升起信心，并认为自己确实也有这个能力。

对于那些一时"走偏了"的孩子，最为糟糕的教育方式就是用"他们日后不会有什么好"这样的话语去评断他们。显然，这是种无知的做法，事情会因此而变得更糟糕。因为，这样一来，孩子只会感到更胆怯。我们应该向反方向努力，乐观地看待这些孩子，并以此来鼓励他们重拾勇气。就好像诗人维吉尔曾说过的那样——正因为他们相信，所以才能做到。

虽说我们偶尔会见到出于怕人耻笑而在行为举止上有所转变的孩子，可对于他们的错误行为，我们要是相信可以通过羞辱的方式来达到目的，那可就大错特错了。若通过嘲笑他们来使其因受到刺激而转变，必然是没有好结果的，下面所提到的例子就可以证明这一点。

有个一直都不会游泳的男孩总是被同伴嘲笑。后来，他终于不堪受辱而走上了跳板，朝着深水处跃了下去，这之后，人们经过多次努力才把他给救上来。由此可见，当人本身就软弱同时又即将丧失仅有的尊严时，便很可能做出非常危险的事，因为他希望能够借此来平衡自己的胆怯心理，但这么做无疑是欠妥的。一般而言，这会像如上所述的案例一样，只是当事人用来制衡胆怯心理的一个无效之法。在案例中，那个男孩有着深深的胆怯心理，十分担心小伙伴会因为他不会游泳而不再看重他。然而，奋不顾身地往水里跳是没用的，这么做不但于事无补，反而加深了他不敢面对这一事实的胆怯心理。

胆怯是一种可以破坏人际关系的性格特质。孩子若总是心里难安，就没有余力去顾及他人，相反，会竭尽全力为尊严而战。因此，胆怯会使人的人生态度向着个人主义及争斗的方向发展，这就使人很难保有良好的社会情感了，同时，这样的人生态度也无法使当事人能够远离被人非议的恐惧心理。胆小怕事的人总是怕被人轻视和嘲笑，也担心别人会忽视自己，就好像是在敌人的国度里生活似的，如此一来，在性格方面就有了自私、多疑和嫉妒的特质。

孩子若是有胆怯的性格特质，那么大多数时候就会喜欢给人挑错、唠唠叨叨，且说话带刺。对他们来说，要是看到别人被称赞，肯定是既羡慕又妒忌，而要他们去称赞别人，那几乎不可能。因此，当超越别人的方式是讥讽而不是通过自己做出成绩的时候，只能表现出他有胆怯的心理特质。当老师发现孩子有对他人产生敌意的发展趋向时，就应该马上负起责任从旁协助，让学生慢慢从敌意中走出来。当然，要是老师没有发现孩子的问题还是值得原谅的话。那么，如何帮助孩子改掉那些不好的性格特质呢？

我们应该努力使孩子与所处的生活环境和这个真实的世界达成一种和解。令其能够意识到自己哪里出了问题，自身不努力就想获得他人的尊重是不对的。一旦我们把这些目标确定下来，那么该怎么帮助孩子、用什么方式去帮助他们，就很清楚了。也就是说，有了目标我们就知道：要去培养孩子之间的友情；在教育时，要告诉他们，不管别人做错了什么、是否在成绩上很差，都不该瞧不起别人。倘若不这么做，很可能便会使孩子萌生自卑情结，令他们再也拿不出勇气投入正常生活。

当孩子不再对未来抱有希望时，就意味着想要逃离现实，继而用消极且丝毫不起作用的方式在别处获得补偿。在这一点上，教师负有很大的责任，或者说，正是这份神圣的职业所赋予的使命，即保证每一个学生都不会对生活失去信心。有些孩子在刚到学校的时候就已经表现得灰心丧气了，这时候，老师和学校就更有责任帮助他们，令其重新振作起来。假使学生对未来不抱希望，不愿意思考将来的事，又何谈教育好他们呢？

　　此外，还有一种暂时性丧失信心的可能，这通常发生在有着高目标的孩子的身上，他们最懂得这种感觉了。虽说在学习上，这样的孩子是不断进取的，可一旦通过毕业考试，就不一样了，他们不得不选择自己的职业方向，而这时，就有人开始打退堂鼓了。另有一些孩子，同样是给自己设定了较高的目标，结果，要是没有取得骄人的成绩，也会在一段日子里对自己失去信心。之所以会有此类情况发生，是因为在不被察觉的时候，矛盾的种子早已种下，一旦时机成熟，便会爆发出来。届时，孩子会立马没了主意，或是在精神上开始变得焦躁不安。而这时候，倘若不去鼓励他们恢复信心的话，那他们将会成为习惯半途而废的人。成年后，也会不时地跳槽，因为他们已经不相信自己能够把一个工作圆满地完成了。而且，还很容易在获得事物之后又担心会失去。

　　孩子是如何评价自己的，这一点很重要，可我们要是提出问题让孩子来作答的话，怕是很难知道他们的真实想法。不管在问的时候我们以怎样的方式去巧妙地加以引导，答案都不会明朗化，只能捕捉个大概而已。有的孩子会拿自己太当回事，有的则认为自己毫无可取之处。通过考察我们就可以发现，一般对自己评价不高的孩子身边会有这样的成年人，他们会说他是"没用的废物"或者"笨死了"，并且会一遍遍地重复这种话。面对如此严厉的指责，鲜有不会因此而受到伤害的孩子，不过，确实也有通过自我贬低来保护自己的小孩。

　　我们如果不能从提问中了解到孩子们是如何判定自我的，那只有通过观察他们在问题面前是如何表现的来发现问题。比方说，听到问题后，孩子表现得自信吗？能快速以肯定的态度迎难而上吗？或者，是否表现出难以面对困难的样子。如果显得犹犹豫豫，不知如何作答，那么很显然，这是信心不足和缺乏勇气的人常有的样子。也许开始的时候，孩子还表现得信心满满，可随着困难升级，到了不得不面对的时刻，却又开始退缩起来，甚至再也不愿迈出一步。人们在看待这些孩子时，认为他们懒散，或是精力不集中。尽管在描述的时候方式不一，但其结论却是相同的——这样的孩子在处理问题的时候，只会把心思都放在面前的困难上，而绝不可能像常人一样去处理它们。孩子偶尔也会误导成人，让成人误以为他在某方面的能力上尚显不足。情况就是如此，当我们有了清楚的认识，并以个体心理学准则为基础来看待这些孩子的问题时就会明白，问题出在信心不足上，换句话说就是，他们对自己的评价过低了。

　　在我们研究此类问题时必须记住，有时候，人在追求优越感的时候会在方向上走错了，若是有人将自我放在最高点，那么在社会生活中，他便是个畸形的人。我们常常能看见，一些苦于寻求优越感的孩子是不会为他人着想的，他们对他人存有敌意，以自我为中心，甚至还会触犯法律。

不过，即使孩子做出最为恶劣的事，也不会脱离其人性的一面。也就是说，均有这样的性格特质：总会依稀感觉自己确实是人类中的一分子。就算他们在与人合作的观念上相对较弱，不愿在生活中计划安排这一点，也因此会比较缺乏社会情感，不过，他们与周遭环境必然会形成某种关系，而这最终都会通过一定的方式在实际的生活中表现出来。在这些方式中，必然也会有自卑心理，所以，我们得从这些繁杂又隐蔽的表达式中找到那个代表了自卑的表达式。其中，孩子的眼神至关重要，是此类表达的方式之一。在认识眼睛这个身体器官的时候，我们不能单纯地认为，它只是接收光线、传递光线的工具，还要知道，它对社会交流也起到了至为重要的作用。人们在端详另一个人的时候，往往能透过眼神表达其愿意与这个人交往的程度有多少，所以，心理学家及作家几乎都认识到了眼神的重要性。通过眼神，我们可以看到一个人的部分灵魂，他人在审视我们的时候，也会透露出他是如何看待我们的。当然，对成人来说，这其中还可能有演绎的成分，多少会存在点偏差，不过，我们在判断孩子的眼神时，就比较简单了，因为他们的眼神更单纯，一下子就能辨别出他是友善还是不友善。

大家都知道，孩子要是回避大人的目光，就一定是心里有什么"鬼"。在这一点上，倒不是说他们良心难安，或是有什么跟性沾边的恶习。他们之所以逃避大人的目光，不过是想表明自己的态度，即不愿意与别人产生亲密联系，哪怕是短时间的，孩子要是有这样的表现，就标志着他比较不合群。还有一种情况也是小孩不合群的信号，那就是，当人们叫一个小孩过来时，他与对方的距离有多大。不少孩子会选择保持一定的距离，因为他们得先弄清楚叫他的目的，等知道了之后才会依情况来决定是否要缩短一些距离。这样的孩子过去可能在与人接触时有过消极经历，所以才会在与人接触时保持一定的距离，并且对他人的目的心存疑惑。抱着存疑的心态去看待他人，对他们来说已经是一种既定的错误观念了，因为他们已经习惯于运用自己片面的经验了。与此相反，有些小孩很喜欢黏着自己的老师或是妈妈，会有肢体上的亲密动作，这同样有趣。实际上，孩子是否在行动上乐于亲近别人，比他口头上说喜欢谁更为重要。

我们可以从孩子的方方面面看出他的信心和勇气是否足够，要是有勇气、有信心的孩子，就会在走路的时候昂首挺胸，在说话的时候表现得大度。相反地，有些小孩会在交谈时表现得畏畏缩缩，那是因为他们内心感到自卑的缘故，对于外界环境感到害怕，不知道该如何处理。

我们发现，不少人在讨论自卑情结时都会认为，这是一种先天的心理问题。但实际上，就算是非常勇敢的小孩，我们也可以通过一些方式令其变得自卑，由此，人们对于先天就有自卑情结的观点就不成立了。对孩子来说，影响心理成长的关键因素是整个家庭的氛围，以及他的父母的性格特质。倘若其父母中有害羞或是胆小的人，那么孩子也就极有可能拥有相同的特质，不过，这是因为他成长在这样的环境里，而非受到了遗传的影响。事实上，有没有与人相处的能力与其脑部构造和身体器官的物理变化，并没有实质性的关联。我们通常会认为，孩子与同学交往不多，家庭成员也不爱与人往来，甚至根本不与外界联系，就代表孩子之所以形成这样的性格是受了家族遗传的影响，然而，这在理论上是根本站不住脚的。对此，我们可以用事实来证明，这些事实有助于我们理解是什么造成了孩子不合群的性格特点，为什么他们会有这些与常人相异的特质。

有一个案例可以方便我们去理解这一理论。有一个孩子在身体上存在着先天不足，他在一段很长的时期里都不得不忍受来自疾病和体弱方面的折磨，如此一来，就必然会沉溺于自我的感觉中，在看待周遭世界的时候，觉得到处都是寒意和敌意。另外，还有一个起决定性作用的因素，那就是：孩子若是在身体上有什么缺憾，就势必得依靠他人的全力照顾，才能使他的痛苦得以缓解，然而，这恰恰又是形成他自卑心理的一大原因。众所周知，孩子与成人间是有很大差异的，不论是在体格上，还是在力量上都是如此，因此，这会令他们多少感到些自卑。有些孩子在这一点上会特别一些，因为大人时常会说：孩子就得多看着点，光说不行，这只会加重其自卑的心理。

于是，孩子看得多了，听得多了，就会在脑海里形成这样的印象，即自己在大人面前是弱势。可一个孩子难以忍受自己不能强过他人，可越是如此，就越发地想要通过努力去弥补自己的不足之处。所以，除了希望获得他人的认可这一动力之外，还平添了实践这种努力的动力。孩子本可以借由自己的努力跟周围的人们搞好关系，可如今待人接物的原则却发生了变化，他会认为：任何时候都应该先考虑一下自己。而那些不合群又不爱亲近他人的孩子，往往就属于这一种。

通常而言，有着很强自卑感的儿童，多是那些身体孱弱的孩子，另外还有外貌并不出众的儿童，他们在表露自己的自卑感时，往往会走极端。在与人交谈时，他们对他人言语的反应，往往不是害羞、躲闪，就是盛气凌人。尽管从行动上看，两者的差别很大，可事实上却都源自同一个问题。他们非常希望得到别人的认同，故而，要么就不怎么言语，要么就滔滔不绝。他们几乎不太把自己的情感投入到社会层面，这其中的原因有两点：一方面在于他们并不寄希望于生活，同时也不觉得自己可以为社会做出点什么贡献；另一方面，他们只渴望做领袖或是风云人物，这样就可以引来大家的关注，将情感投入社会的目的只是为了自己的这个愿景罢了。

要想经由一次谈话，就使一个多年来一直偏离正轨的孩子改变其原有的生活方式，几乎是不可能的。因此，对于这样的孩子，就需要老师耐着性子去教育。当孩子打算改善自己的生活方式，可在这个过程中偶尔出现反复时，最好还是要对他进行解释，令他明白:进步虽好，但也不可能速成。如此，就能使他不至于慌乱，对自己失去信心了。比如，对一个两年来都学不好数学的孩子而言，怎么可能仅仅花两个礼拜的时间，就取得很好的成绩呢？可不管怎么说，他还是可以用这段时间把成绩补上去一些的。一般而言，正常的孩子可以通过自身所具备的勇气来弥补自身的问题，没有什么能难倒他。我们可以通过案例发现，某人的人格发展进程若是出现偏差，就会在能力上有所体现，致使构成其整体人格的因素发生变化，显得更为怪异、粗劣，不灵巧。不过，他们毕竟不是智障儿童，所以帮助此类有行为偏差的孩子改善情况还是可以做得到的。

孩子是否有智障问题，不是以其缺乏某种能力，或是有笨拙、冷淡的表象为事实依据就可以下定义的。通常，智障儿童由于脑部发育不完全，对脑部发育造成影响的腺体会使孩子的身体显露出一些特征，也就是说，孩子的身体会出现某种具体表现形式。来自身体上的问题可能会在持续一段时间之后彻底消除，然而仍会对其心理造成一定的影响。那些过去由于身体孱弱而表现得懦弱的孩子，就算日后不用再为身体状况发愁，也还是不能摆脱心理上的阴影，使自己勇敢起来。

对于这一点，我们还可以继续深挖下去。孩子之所以会形成自卑心理，只考虑自己的事情，一方面是源自其过去的经历，也就是说，曾体会过部分身体器官不健全，受迫于接受体质孱弱的现实。然而事情不只是这样，有些孩子在身体上并没有出现过器官不健全这种问题，他所身处的环境也与此不同，然而，一样会形成自卑心理。比方说，对孩子而言，比起在身体有缺陷的这种痛苦，家长所给予的关爱过少，或是在教育上太过严苛，同样也是一种苦难。在家长不合理的教育下，孩子往往很难对自己的境遇感到满意，他们甚至会与自己的生活环境敌对起来。所以，不论是由于身体问题而产生的心理问题，还是由于父母所引发的心理问题，都属于一类问题，即便两者间存在差异，但结果却相同。

由此，我们要想帮助这些从小在缺乏关爱的环境中成长的孩子是有多困难。他们在看待我们的时候会延续他们一直以来的那种态度，不管我们采取何种办法促使其努力前进，都会被他们解读成——管制，因为他们时刻都觉得自己没有自由。因此，但凡有点能力，便只会想要进行抵抗。此外，他们也无法用正常且适当的态度去对待自己的同伴，不能忍受自己的同伴在过去的时光里比自己过得好，因为这会令他们心生嫉妒，同时又羡慕至极。

这类孩子通常都会有怨妒心理，并在这种情绪的驱使下变得破坏欲极强。因为，他们的勇气并不足以应对周遭环境，可他们的无力感却并未消失，只得借由欺负更弱小的孩子来进行弥补。反之，有的孩子会借助一种表面化的友善来与同伴相处，以满足自己的优越感，不过，这种友善只在能够控制他人的基础上才能得以维持。在这类孩子之中，会有不少人发展到后期，就只乐于接触那些比他们处境还糟糕的人了。这在成人中也是如此。还有一种情况，这类孩子所乐于近亲的朋友中大多比自己还要小，或是没有自己富裕。而对于男孩来说，在与女孩交往时，则更愿意选择那些温柔、顺从的异性，但他们之所以愿意与对方交往，并不是出于被异性吸引，这一点还须留意。

▲ 优越和自卑心理通常情况下会在人身上同时存在，正是出于自卑，我们才会对优越感有所追求，通过努力获得成功方能降低自卑心理。一般来说，孩子形成自卑心理通常与过去的经历有关，如家庭的关爱太少，或是在教育上过于严苛，或是身体缺陷。严重的自卑心理将使孩子产生忌妒心理，破坏欲变强。

/ 第五章 /

儿童成长 —— 防止自卑情结

▼

▼

孩子在学习行走的过程中就算是花费了不少的时间，也不见得就会产生具有深远影响的自卑心理。可我们也明白，倘若某个孩子只是在学习走路时碰上点麻烦的话，就会始终对此印象深刻。对于自己的境遇，他会感到很不开心，虽说来自身体功能方面的缺失慢慢会恢复到正常水平，然而他在看待世界的时候，仍不免会悲观一些，并且还会对其日后的行为造成更长久的影响。不少孩子虽然最终治好了自身的疾病，却还是在身体上落下了一些病痛的残影，比如，头部畸形、罗圈腿、脊柱变形、膝关节肿大、部分关节使不上劲，以及体态不标准，等等。一般而言，孩子在得病的那段时间里，容易形成挫折感，并且还会有另一种感觉随之生成，那就是悲观厌世的心理。这类孩子往往对自己的评价不高，出于自卑心理，当他们看见自己的同伴能够自由自在地生活时，会觉得很压抑。因此，有些此类孩子就不再对自己有信心了，即便打算前进一步，所付出的努力也不会太大，还有一些这样的孩子会对自身境遇感到绝望，这令他们选择孤注一掷，想要争取最大的可能去赶超身边的同伴。总之，因身体情况而感到自卑、受挫的孩子，只会是这两者中的一种。显然，他们对自己认识不足，判断也不到位。

促成儿童成长的因素与其内在能力和外在的境遇并没有实质性的关联，最重要的是儿童如何客观看待现实，还有，他是如何理解自己在基于这种现实之上与现实互动的。我们不能将所有的事物都归结于这个孩子天生就"有"或"没有"某种潜能，事实上，成年人在判断孩子的境遇时所理解的也并不要紧。主要还是得站在孩子的视角来做出判断，看他到底身处何种境遇，即便孩子在理解和判断上都不对，也要在这个基础上去了解他。小孩子在理解事物时，不可能都是符合逻辑的，所以，我们不能以成年人的眼光来期待一个孩子做什么都是不违背常理的。孩子对于自己所处的境遇，一般都做不到精准把握，在理解上也必定会犯一些错误，这一点我们必须知道。另外有一点我们绝不能忘记：孩子要是什么都能做对，那还需要我们教育什么呢？而小孩子倘若先天就注定了会犯错误，那我们又怎么能改变这个命运，对其加以教育呢？又怎么可能使他改正错误呢？所以说，有着宿命论的人，只会相信孩子天生就是这么个性格，显然并不适合从事教育工作。

身体健康，心灵就没问题，这可不是什么真实的说法。孩子要是能够勇敢地对待自己的生活，那么即便在身体上有些缺憾，我们也能从他的身体发现一个美好的灵魂。反之，一个孩子本来身体没什么问题，可不断地承受一些悲惨之事，结果导致其开始错误地认为自己能力有问题，那他很难在心灵上保持健康。有些孩子在面对困难的时候非常敏感，一旦在某件事情上失败了，就开始不相信自己还有能力做好，因为这类孩子对任何困难都会敏感，认为那是自己没能力的证据。

有的孩子不止在学习走路时会遇上点麻烦，学习说话时也是如此。通常这两者应该是同步学习的，彼此间也没有什么必然的联系，可放在家庭环境中，对孩子进行教育的方式出了问题时，就会同时波及学习走路和语言这两件事。有的孩子本来在学习语言方面没有困难，可由于不被家人重视，反而拖了很久还不能学会。不过，我们也应该认识到一个事实，那就是，倘若孩子的听力没有问题，同时也没有什么影响发声的器官病变，那么他迟早都能学会说话。另外，有的孩子确实也会在特定的情况下不能顺利地学会这个能力，比如，视觉发育大大超前的孩子，他们的语言能力往往发展得滞后一些。还有一些情况同样会影响孩子的语言发育，比如，当孩子在主动表达自己时，被父亲抢先一步说出来了，也就是家长做了孩子的代言人，如此一来，孩子会在一段较长的时期里，一直会停留在学语状态，甚至，会让人觉得是不是他在听力方面也有问题。不过，当他最终学会说话的时候，就会有强烈的表达欲，甚至将来还极有可能成为一名能说会道的专业演说家。

下面讲一个心理补偿过度的案例。克拉拉·舒曼是大音乐家舒曼的妻子，在她四岁时，还不能像正常孩子那般讲话，八岁时也仍旧说得很少。可见，这个孩子十分怪异，性格也不外向。比起其他方面，她更愿意把时间都耗费在厨房，从这一点来看，家人想必对她并不关注。她父亲后来说道："这孩子令人感到奇怪的地方在于，尽管在精神上显然并不和谐，但却促成了她自此开启了自己美妙而和谐的人生。"

此外，事实证明，完全失聪的案例并不多见，因此，这些孩子应当得到特助照顾，必须有专门的人来负责训练他们，并给予他们有针对性的教育。不管这些孩子在听力上的问题有多严重，都应该将其仅存的听力尽最大可能地开发出来。在这一点上是有实证的，身在罗斯托克的卡茨教授就曾为此做过许多努力，他得出了这样的结论：只要让那些声乐感不足的孩子接受训练，就能使他们得到改善，最终，孩子们都可以无障碍地去领略音乐的魅力和来自声音的美感。

我们有时候可能会怀疑某些孩子是不是存在智力障碍，尽管情况并不严重，但仍旧会担心，因为，这类孩子基本上在多数学科中能够把握得好，可偏偏在某一科上，却学得差得不能再差了。

一般来说，数学常常是这类孩子的弱项。孩子在这个科目上要是难以学好的话，往往就会被吓住，并且会自此再也不愿意在这方面多浪费一点儿精力。此外，有些家庭还会把数学学得不好当作"光荣"的事，这种情况在搞艺术的家庭里时有发生。还有，我们在社会上也常能听到这样的声音：与女生相比，男生学起数学来会更容易一些。然而，这种论调并不正确，因为在杰出的数学家和统计学家之中，有很多同样优秀的女性专家。女生要是常听人们说"女孩子不如男孩子的计算能力强"这样的话，自然也就没什么信心了。

要学好数学这门学科，必须懂得如何经由一连串的思索，将那些纷杂而又没有章法可循的内容整合成数字，并以这种形式终结其混乱的状态。所以说，它是少有的一门可以让人感到心里踏实的科学，正因如此，它也成了孩子心理是否健康的一个评判标准。一般而言，有着强烈不安心理的人，都会被数学给难住。

这种情况也会发生在别的科目上。比如，作者会通过写作来传达唯有意识才能理解的语言，并将之最终落于纸上，对他们来说，这样会有种安全感。而绘画也是如此，人们可以通过它来留住那些一闪即过的光学影像。同样地，我们也能够通过体操和舞蹈来获得一种来自身体的安全感，在这个过程中通过灵活操控自己的肢体，对其加以控制，还能获得来自精神上的安全感。不少老师都认为，孩子要是肯多运动，好处一定不少，而这与来自身体的安全感有着很大的关系。

此外，游泳也是检验孩子有没有自卑心理的一个标准。倘若他学得特别费劲，那就极有可能存在自卑心理，这一征兆表示这个孩子对自己没什么信心，也不信任自己的老师；相反，要是他学得十分轻松，那就表示他克服困难的能力很强。在此，我们得留意那些在初学时觉得障碍重重，而最终却变成杰出的游泳健将的孩子。他们在开始的时候，往往很介意自己学不好，然而，等到学会之后，反而一下子受到了鼓舞，变得渴望纯熟地驾驭这项技能。因此，这类孩子往往会在游泳这个领域里成为佼佼者。

还有一点十分重要，那就是要留心孩子是只与某个人联系密切，还是对其他人也很感兴趣。孩子一般都更亲近妈妈，倘若不是如此，便会与其他某个家庭成员形成依附关系。若非存在智力问题，所有的孩子都有能力依附他人。孩子要是由妈妈带大却对他人更为依赖的话，就该追究一下原因了。本来，作为母亲最为重要的一项任务就是让孩子不但喜爱自己，也喜爱他人，并且愿意相信他人。显然，孩子不能只关注妈妈一个人，把自己的情感都投注在这一个人身上。一般孩子的祖父母都会因为年纪大了而格外疼爱第三代，他们在孩子的成长过程中也起着十分重要的作用，然而，他们也常是那个会骄纵孩子的家人。因为，他们担心人们对自己不再那么需要了，于是，产生了一种强烈的自卑心理，要么就容易挑刺，对他人横加指责，要么就过于心软，扮演起慈眉善目的长者形象。后者为了加深自己在孩子心目中的重要性，总是对孩子提出的各种要求言听计从。这样，孩子只要去祖父母家，就会集所有的宠爱于一身，做什么都行了。于是，有的孩子甚至不想再回到自己家里，不愿再被管束起来。有的则在返回家中后开始埋怨，祖父母家比自己家好多了。在这里，我之所以提及孩子的祖父母在孩子成长过程中所出演的角色，是为了方便教师在审视个案的时候，能够重视这个事实，因为，它有时确实会对一个孩子的生活方式构成影响。

关于患有佝偻病的孩子，在附录里有相关内容的介绍，我们可以通过心理问卷中的第二个问题看到这一点，孩子身患此病，会导致其在行动上显得笨笨的，要是不能在一段时间里好转，便会对其生活产生影响。一般这种情况背后的事实是，孩子被过分关照了，换句话说就是，他得到的宠爱有些过头了。对于母亲来说，应当知道孩子的独立性有多重要，不能让孩子全无独立自主的能力，即便是在孩子需要特殊护理的生病期间，也一样应该保有其一定的独立性。

孩子是不是总给别人添麻烦呢？倘若确实如此，必然是因为这个孩子有一个很溺爱他的母亲，没能在孩子的成长过程中令其独立起来。孩子有意给他人找碴儿主要体现在睡觉、起床、吃饭和洗澡等方面，个别时候也会通过其他方式，比如做噩梦、尿床，等等。其实，孩子之所以搞出这么多花样来，不过是想获得别人的关注。他们时常会弄出点动静来，似乎是认为，只有这样才能找出一种可以使父母始终受控于他的武器。倘若孩子有此类表现，那必然是他所处的环境出了问题。在这种情况下，任何惩罚都是无效的，孩子反倒会常常刺激父母这么做，好用实际行动来证明，自己根本不怕什么惩罚。

孩子的智力发展水平同样至关重要，但针对这一问题，却往往难以给出正确的答案，我们可以通过比奈特测试来进行检验，但从测试结果来看，也不一定全是对的。同样，其他类似的智力测评也不见得就能始终精准地判断出孩子的情况。通常，家庭环境在孩子的智力发展过程中所起的作用甚大。出生在优越家庭环境里的孩子，往往能够获得更多的助力，而身体发展不错的孩子，在精神方面往往也成长得很好。但从结果上看，并不尽如人意。那些智力水平发展稳步攀升的孩子，一般会被成人视为"有发展前途"，可从事高水平的工作，因为那些好的工作、水准高的职位，就需要这样的人才；反之，那些智力水平发展相对较慢的孩子，则只能给他安排一些低水准的工作机会。不少国家还会引进别国的教育制度，为那些落后生有针对性的另设班级。对此，我们观察到的结果是：班里的多数学生家境都不宽裕，我们不难由此判断出，要是这些孩子能够有幸出生在富裕之家而不是贫困之家的话，那么他们与生活条件优越的孩子其实是有一拼的，而且不一定赢不了。

孩子是否总是被人嘲笑，有没有因此而丧失信心，也是我们应该关注的重点。有的孩子在被人嘲笑后，还是可以忍受的；可有些孩子却不能，他们无法接受这种事，变得不再自信，只关心那些外在而表面的东西，不愿再费力去努力做对自己有益的事情。我们要是看到孩子老是与别人发生争吵，就该明白，他对自己的处境不满，总是抱着敌对态度。对他来说，要是自己不先主动出击，就一定会被别人欺负的，所以，此类孩子往往都不服管教，觉得顺从和听取别人的意见就会显得自己很卑微。此外，要是他人友好地跟他们打招呼，他们也不会以礼相待，因为这么做无疑是一种屈辱，应该用一种高傲的态度回应才对。这类孩子几乎不会埋怨什么，也不会对他人施以同情，这对他们来说是很羞耻的事。此外，这种孩子也不会当着别人的面流泪。人们有时能够看到，本来应该感到悲伤的时候，他们却还笑得出来，这就不免令人留下这样的印象——这孩子太冷漠了。可事实上，他只是不想让人看到自己还有脆弱的一面罢了。内在很强大的人从不会觉得"残忍"很有趣，不管是怎样的恶行，其实都暗含着那个人的某项弱点。真实的情况是，尽管这些孩子看上去桀骜难驯、不修边幅、不爱整洁，还老是咬指甲和挖鼻孔，听不进去话，可实际上他们更需要得到他人的鼓励。所以，我们应当使孩子知道，他们之所以表现得较差，不是因为别的，而是出于害怕暴露自己的弱点。

能不能与他人建立起良好的关系也很重要。我们应当留心孩子在社会交往的过程中，扮演的是"指挥者"的角色，还是"跟随者"的角色，不论是哪一种角色，都与其投入的社会情感多少有关，或者说，与其拥有多少信心是分不开的。此外，与他人的关系如何还取决于孩子本身更希望听从还是指挥别人。倘若他主动选择不与人接触，那就表示他不愿与伙伴们竞争，信心不足，可他又并非不希望追求优越感，这种心理其实和其他孩子一样浓烈，只不过他很担心自己在与伙伴相处时，必须顺从他人的意愿。有的孩子喜欢搜罗自己感兴趣的物件，通过这一迹象我们应当看出，他其实是想要让自己充实起来，好能比其他人更优秀。但这是很危险的，有着这一倾向的孩子往往会朝着失控的方向发展下去，致使其最后变得野心过大，或是太过贪婪。当然，这同样体现出了一种内在的虚弱，此类孩子唯有借由外在的支撑才能平衡这种心理。要是他们觉得无法引起他人关注，又总是被冷漠对待的话，就很可能发展成去偷东西。比起一般孩子，他们的心理会更敏感一些，也更在意别人的关注度。

　　我们接下来就该谈谈孩子是如何看待学校这一问题了。孩子对于上学态度的是否很勉强，有没有磨蹭着不想去，在上学这件事上，孩子的情绪高涨吗？通常，孩子都不会明显地表现出最后这一点，反而在担心和害怕自己的处境时会明朗一些，用的方式方法也会多一些。有些孩子在写作业的时候比较爱生气、精神紧绷，有的甚至有心悸的征兆。有些孩子的表现则超出了一般范畴，在身体上会有器官组织上的局部变化。比如性反应异常。对孩子来说，要是学校不以打分制度作为划分学生的评判标准的话，那就轻松多了。可如今的学校还是保留着没完没了的考试，学生们只能争取高分，不然，就会被永久地划分到差生那里去了。

我们需要观察孩子，看他更愿意主动学习，还是得被人督促着来。要是他总忘记写作业，那我们就可以从这一表现中看出，他可能是想逃避责任。因为，有时候孩子会通过做不好作业、得不到好的分数来作为不去上学的理由，这样他就可以去做其他感兴趣的事了。

孩子存在懒散的问题吗？有的孩子在课业上不行，却宁愿把问题归咎于懒散而不是能力不足。当这样的孩子偶然间表现出色，做成了某件事，很自然地就被称赞，同时，还会被人说成是："他要不是因为懒，其实没什么做不成的。"对孩子来说，这当然会很受用，人们都这么看他了，还需要再努力证明有没有能力吗？同样可以划归到这一类中的孩子还包括：颓废的孩子、失去信心的孩子、专注力不足的孩子、依附于他人的孩子、被过度宠溺的孩子，以及公然在课堂上捣乱、爱出风头的孩子。

孩子们又是如何看待老师的呢？一般而言，孩子不会明显表现出自己的真实看法，所以他们是如何看待自己的老师，就成了一个难题。有的孩子会有意识地对同学进行指责和羞辱，倘若孩子出现这种倾向，那么我们就可以判断出，他其实是因为信心不足才会如此。这类型的学生往往以自我为中心，态度傲慢且喜欢挑刺，但这只是源于他不想让人知道自己的弱点。

最让人头疼的还属那些对什么都不感兴趣、看上去冷冷的被动型孩子。实际上，他们不是真的对人对事无动于衷，只不过以"假面"示人罢了，一旦逼急了他们，必然会引发其怒气，有的甚至还会有自杀倾向。他们只会做别人要求他们做的事情，而不会自觉自愿地去做事情。通常这类孩子对自己的评价都不高，担心自己会受挫。在教育这类孩子的时候，我们应以鼓励为主。

对于那些想要在运动方面大展拳脚的孩子来说，同时也会想在别的领域里露一手，可之所以没有这么做，是因为担心自己会失败。而那些在阅读量上大大高于一般水平的孩子，则通常只是希望能借此获取勇气，他们的信心往往不足，这类孩子尽管有着非凡的想象力，可他们却宁愿躲在书房里，也不想活在现实中。此外，孩子们主要都看哪个类型的书，也是我们应该多留心观察的，看看他更喜欢看小说、童话、传记、游记，还是科普类读物。处在青春期的孩子比较容易喜欢看情色书籍，这是不可避免的，孩子往往会随着性欲的增长把注意力转移到这上面来。对于这类孩子，我们需要提早对他们展开性方面的启蒙教育，为他有一天成为一个真正的成年人打下基础，让父母与孩子之间可以友好相处，我们通过这些举措，可以有效地削除那些有可能落在孩子身上的不良影响。

　　接下来的问题就是关于孩子的家庭问题了。在孩子家中，是否存在酗酒或酒精中毒的人，是否有精神病人、肺功能出问题的人、携带梅毒的人，以及患有癫痫病的人？如果有，我们就必须翔实而全面地对孩子的身体发育进行记录，这一点非常重要。一般来说，孩子的呼吸若是主要依靠嘴来完成的话，看上去会显得表情蠢笨，因为他的扁桃腺过于肥大，使他无法像正常孩子那样呼吸。对此，可以通过手术来加以改善，孩子也会相信，一旦做了手术就没事了，而康复后，他会更有勇气面对自己的课业问题。

　　通常，家里要是有人得病，往往会对孩子的成长发育造成一定的影响。倘若父母得了慢性病，那么对孩子来说，无疑就构成了负担，而要是在家庭中有什么人得了精神方面的疾病，那么所有的成员便会倍感压抑了。我们应当在可能的情况下，对孩子隐瞒这一实情。另一方面，对于整个家庭来说，一旦有人患病，无疑全家上下都会跟着发愁。还有一些疾病也会招致同样的影响，例如肺病和癌症。如上所说的疾病都会影响孩子的成长，在其记忆中烙下不可磨灭的印记，所以我们可以适时将孩子转移到其他地方去，这样会更有益于他。此外，对孩子来说会带来伤害的还有家庭成员中有慢性酒精中毒的人，或是有犯罪倾向的人。不过，使孩子脱离家庭还会带来新的问题，那就是如何将孩子妥善的安排到一个合适的地方。一个家庭中若是有人得了癫痫病，那么整个家庭气氛就很难和谐，因为病人常会冲家里人发火生气。

　　一个孩子的家庭在物质条件上情况好坏，必然对其人生观产生影响，我们必须重视这一点。比起那些家境优越的孩子来说，生在贫穷之家的孩子往往会感觉自己是贫乏而虚弱的。孩子原本若是过着比较优越的生活，可一下子发生了经济上的变故，就会打乱他习惯的那种舒适感，觉得难受是肯定的。此外，要是父母没有祖父母的生活优越，还会加重这种心理。发生在皮特·金特身上的故事就是如此：他的祖父母能力非常强，可他的父亲却什么事也做不成，这便成了他脑海中挥之不去的噩梦，于是，他会通过自己超乎寻常的努力来无声地反抗自己那懒散的父亲。

　　孩子在家庭中还有可能碰上死亡这个问题。要是来得太过突然，他们往往在一时之间难以承受，导致其终身都会受此影响。要是孩子没有对死亡的认识，却突然间"面对"它的话，就得被迫接受生命终有尽时的事实，或许会因此而感到绝望，最起码也会开始害怕死亡。在医生所书写的传记里，我们常能看到他们为何会选择以此为生，不少人都是因为在很小的时候遭遇了突发性的死亡变故，由此产生成为医生的想法，表示他们在认识死亡这件事的时候，受到了强烈的刺激。因此，最明智的做法就是，我们应该小心避免让孩子面对骤临的死亡，这肯定会使孩子有很重的心理负担，对他们来说，还根本弄不清死亡是什么呢。通常，遗孤或是继子都会认为自己之所以活得很苦，完全是因为父母不在世的缘故。

　　了解家里是谁在做主也可以帮助我们理解孩子，这一点要注意。一般在家里掌事的都是父亲。可要是换成了由母亲或是养母来当家的话，会导致另一种结果：孩子无法正常的生活，并且不再对父亲心怀敬意。倘若在家里妈妈说了算，那么作为儿子，会在往后的生活中对女性总是感到畏惧，而他成年后，要么就躲着女人，要么就与自己的妻子及家里的其他女性成员不能和睦相处。

　　此外，父母在家是如何管教孩子的，也应该被纳入到需要了解的范畴，我们得搞清楚他们的教育方式是趋于温和还是严苛。在这两种方式上，个体心理学的主张是可用但不宜过度使用。我们应该把努力的重点放在对孩子的理解上，尽可能地帮助他们树立不偏离正确的思维方式，此外，还需要帮助孩子鼓起勇气去解决自己所遇到的问题，并让孩子建立起社会情感。父母要是对孩子过于苛刻，只会使其失去信心，反倒会害了他。而要是以过于温和的方式来教育孩子，又会使其因骄纵而只会依赖于某一位亲人，自己什么事也处理不了。在对孩子描述所处世界的过程中，父母不宜描绘得太过理想化，也不宜使用太过悲观的词汇来诉说。对于父母而言，主要的责任就在于，要尽最大可能为孩子打好基础，令他有能力面对自己往后的生活，并且能好好爱护自己。孩子要是不知道该如何解决困难，将来就很有可能会千方百计地逃避困难，其生活圈也会因此而大幅度减小。

　　同时，我们还必须清楚是谁在家照顾孩子。总是有机会和孩子在一起的人，不见得就是孩子的妈妈，不过她对谁在照管孩子一定很清楚。教育孩子的最佳方式是，让孩子在一个理性范畴内从实践中得到学习的机会，这样就比较容易以接近客观现实的方式来形成自己的逻辑，而非受他人思想的束缚。

　　孩子在家里的地位对其性格发展也有极其重要的影响。家里倘若只有一个孩子，那么他在家肯定居于一个特殊的位置。家里要是不止一个孩子，那么作为最小的女孩子要是只有哥哥，那她在家里的地位会不一般，同样，身为最小的弟弟，若是上面只有姐姐也是如此。

　　还有，我们是如何看待将来孩子择业这件事的呢？孩子选择什么样的职业，就会透露出其受到了怎样的环境影响、有多少信心、社会情感水平如何，还有他生活得是否很和谐等问题。

　　此外，需要我们引起注意的还有两个问题，一个是孩子如何看待自己的早期记忆，另一个则是他的梦想。这两点都会对孩子的成长造成深远的影响。要是能够诠释出孩子回忆出来的事物代表什么，就可以深入地了解其一贯以来的生活方式了。而知道孩子拥有怎样的梦想，就能够明了他一直是朝着什么方向发展的。然后，再看他在处理问题的时候是怎样的，是逃避还是勇敢面对。

　　孩子在语言方面有没有什么缺憾的地方？孩子长得俊俏还是

难看？从身材上来看，孩子是在正常的水平线上吗？这些也是需要我们去了解的。

在个体心理学问卷中，还涉及一些其他的问题，比如：孩子愿意把自身的情况公开出来吗？有的孩子会以吹牛的方式来平衡自己的自卑心理，而有的孩子则不愿说出来。后者不是怕有人会借题发挥，就是担心一旦弱点为人所知，便很有可能会为此平添新伤。还有，孩子要是在诸如画画、音乐等某一科上成绩优异，就应该趁势争取得到更多的鼓励，好在别的学科中也拿到比较高的分数。

孩子若是到了十六岁仍不清楚自己将来想做什么，那我们就可以这样理解了：他怕是已经失望了，需要人们给予一定的助力。

最后，需要加以关注的还有孩子的家庭成员都选择了什么样的职业谋生，他的兄弟姐妹在社会上的地位如何，差距大吗？孩子的父母婚姻状况如何？要是不幸的话，对孩子影响很大。

作为老师，在孩子成长的过程中必须谨慎地履行自己的职责，正确的判断出学生的情况及其所处环境的情形。必要的时候，可以以问卷的形式来了解情况，及时帮助孩子改正问题，进行合理的引导。

▲ 作为家长或老师，应把教育孩子的重点放在以孩子的思考方式去理解孩子上，对于孩子的行为及反应加以分析，从而尽可能地帮助他们树立正确的人生观，帮助他们鼓起勇气去解决遇到的问题，并让孩子建立起社会情感。要尽最大可能为孩子打好基础，令他有能力独立面对自己往后的生活，解决困难。

/第六章/
儿童的社会情感发展及所遇障碍

▼

▼

在前几章里，我们探讨了关于孩子是如何追求优越感的问题。接下来，与那些例子形成鲜明对照的探讨内容就是：多数孩子和成人都有与他人缔结关系的愿望，也就是说，人们都希望在合作中践行自身的使命，以此来让自己在社会生活中变得有价值。对于这个现象，我们可以用一个心理学术语来表示，即社会情感。追根溯源，社会情感是什么？对此，人们或许会各执一词。但是截止到目前，作者对社会情感的理解是——它的现象脱离不开有关人类的定义。

我们说，追求优越感是人的天性，因此人们也许不禁要问，从何种意义上讲，社会情感会比天性更接近人性呢？这个问题，回答起来应该是这样的：两者的核心都是一致的，均以人性为根基。人在表达其原始欲望时，都会体现出这两点，也就是说，通过它们来达到被认可的目的，只不过在形式上有所不同。之所以如此，是源自人在判断人性时所持的固有观点：当人们追求优越感时，基于这种判断就会解读成个体无须仰赖于集体存活；而人们在追求社会情感时，又会基于另一个判断方式进行解读，认为个体都在一定程度上仰赖于集体。基于这两种判断人性的观点我们发现，在比较之后可得出这样的结论，即对社会情感的追求是高于追求个体的优越感的。在我们对于世界观的理解上，社会情感更具理性，也更符合逻辑，相较于追求个体优越感来说，也更为彻底，而追求个体优越感尽管也是一种常见的心理现象，但终究只是就个体而言，基于这之上去理解世界观，显然只能流于表面。

　　基于何种意义，社会情感才是符合真理、在逻辑上说得通呢？答案就藏在人类史中，回顾往昔，其实人类一直都是过着群体生活的。我们对这个事实并不陌生，不能进行自我保护的动物就只能以群体的方式存活，以保证个体的安全。对比一下人类和狮子的生活状态，我们就能清楚地看到：人作为一种动物，是有生存危机的，不少与人身体大小相当的动物，都因自然赋予的身体优势而比人类更强大，它们大多都可以依靠自身来防御或攻击敌人。达尔文在观察动物时发现，有些动物并没有得到太多自然所给予的身体防护，所以这类型的动物基本上都会以群体的方式活动。比方说，在猿类之中，体型健硕的大猩猩会与自己的配偶独自生活；而体型不大、相对弱小的猿类则总是与自己家族的成员同进同出。

恰如达尔文所说的那样，动物们之所以需要过集体式的生活，是因为他们身上没有自然所给予的天然保护，不能靠利爪、尖牙和翅膀等来弥补自身在防御上的不足。

动物以团体的方式生活，不单单能弥补个体所缺乏的那些东西，还可以生成新的生活方式，令其所处的境况大为改善。比方说，猴群在出动之前，往往会先派几只猴子前行探路，看看有没有敌情，这样就可以将个体的力量与群体的力量结合在一起，不用担心族群里某个个体成员相对弱小的问题了。同样地，为了抵御某个力量强大且凶悍的敌人，水牛也会选择以集体的方式出行。

另外，针对此项问题进行研究的动物学家表示，在这些以团体为单位生活的动物群中，大多都有某种类似于法律的规定，被派出去执行侦察任务的动物，必须按照某种规律来活动，否则，一旦出了什么差错，就必然得接受来自族群的处罚。

关于这方面，还有一个发现很有趣，不少历史学家都非常看重出现在古老法典中的一件事，那就是对于守望者有着专门的规定。倘若事实确实如此，那我们就能明白集体的概念是什么了，即动物不能靠个体力量来保护自己时，便形成了集体。从某种意义而言，动物的社会情感往往与个体在身体上缺乏力量密切相关，个体是否在体力上有什么不足，看其社会情感如何就知道了。所以说，人类在培养社会情感时，最为理想的时期就是在幼儿阶段，因为作为个体，那时候的人成长得最慢，且尚不具备任何能力。

在动物王国里，人类是在生命之初最为弱小的一个。而就像我们所知道的那样，人类由出生到成熟需要经历一段非常长的时期，这并不是因为人类小孩需要学会很多东西才能变成成人，而是取决于人类实际的成长发育方式。孩子本身的身体构造就要求父母必须得用较长的时间来保护他们，否则整个人类就无法存活下去。相应地，当孩子尚在发育期，身体和力量都比较弱小的时候，也恰好是我们对其进行教育、帮助其树立起社会感情的时期，而这两方面也正好可以结合起来作用于他们。在这个阶段里，孩子的身体发育尚不完全，因而非常有必要对其进行教育来补足这种缺憾，而团体之力正是我们唯一可以仰仗的力量。同时，这也可作为教育的方向来指导我们行动起来。也就是说，我们必须以社会团体为主要目标对孩子进行教育。

　　为了教育孩子，我们也许会制定一些规则，并使用一些必要的手段。然而不管怎么说，运用这些规则和手段的目的，都不应该脱离社会生活本身，不能离开适应社会生活这个大方向。以社会为视角来看待事情的话，我们会发现有些事能让我们产生好感，而不利于社会的事，或被认为是坏的行径，则会让我们产生厌恶感，这或许并非是人尽皆知的道理。

　　在讨论教育时，那些被认为不正确的观点之所以不对，恰恰是因为不能给社会带来任何好处。一切辉煌的成就和个人的能力都不能在脱离社会生活的情况下单独发展，唯有顺应社会情感的方向前进，在整个社会生活的驱动下努力才有可能。

单拿语言来说，人要是离群索居的话，就根本不需要知道什么语言知识了，因为人类之所以发展出语言，就是为了适应集体生活的需要，这是无可厚非的。一方面，它是维系人类个体之间的关键所在，另一方面，正是因为人们生活在一起，才最终形成了语言。独自生活的个体怎么可能会对语言产生兴趣呢？所以，我们在进行语言方面的心理学研究时，就能以社会生活为基础了。一个孩子倘若生活在与世隔绝的环境下，那他的生活就不能以社会生活为基础来加以探讨了，而其说话的能力，也会因此而相对滞后。因此，人要是想熟练地掌握语言能力，并发展这个能力，就势必得频频与他人接触。

我们一贯以为，那些表达能力很好的孩子不过是出于天赋才会如此，可事实上，这是不对的。不能顺利学会说话的孩子和掌握不好如何以言语来沟通的孩子，通常在社会感情上都是十分匮乏的。孩子学不好说话，往往是因为被家人给惯坏了，因为他们的妈妈经常能在孩子出声前就替他们处理好一切，他们不需要将自己需要的东西表达出来。如此一来，就没有必要开口说话了，同时，也会因此而丧失沟通能力和适应社会的自我调节能力。

有些父母很少对孩子发问，并让他们来回答，或者是，孩子就没什么机会说句完整的话，在这样的情况下，有的孩子就不愿意再言语了。另一些孩子则总是在说话的时候被人笑话或嘲弄，所以渐渐变得灰心起来。在教育孩子方面有一个很不好的习惯，就是没完没了地挑孩子毛病，不是告诉他哪里错了，就是试图让他改正，结果，孩子就会在一段很长的时间里感到自卑，不得不忍受"处处不如人"的折磨。我们在生活中常能碰上这样的事，有人总会在说话前先来一句："你先别笑啊……"闻言如此，我们不难预料，这个人恐怕在小时候没少被人嘲笑。

下面，我们举一个案例。有一个孩子，他本身是可以说话的，听力也没问题，可却有一对聋哑父母。当他不小心受伤时，会对着父母默默垂泪，因为他觉得父母可以以此来看出自己有多痛苦，但却没有必要哭出声来，这对于他们来说起不到任何作用。

人的各种能力都无法脱离社会情感而单独发展，我们很难想象没有社会情感的理解力、逻辑性将会是怎样的。远离人群而独自存活的人，对逻辑并没有需求，就算有，也不会比动物需要得更多。可人要是生活在群体中，与人往来的话，就势必得通过自身的语言、逻辑思维和一定的常识来沟通了，因为，无论如何他都对发展自身的社会情感有需求，并且渴望拥有这种感觉。从思维逻辑上讲，这也是人所要达到的最终目的。

我们有时候会觉得一些人在行事上有违常理，可对他们来说，却觉得理当如此，并没有与自身的目标相抵触，而这种情况常发生在那些自以为别人也会跟自己想得一样的人身上。我们通过此类事实就能明白，社会情感因素及对常识的理解对我们做出判断有多重要。要是人的生活本身就错综复杂，且有许许多多解不开的难题，那对他而言，建立起足够的社会常识就更为重要了。在原始时期，原始人的生活较之我们显然要单纯得多，那是因为他们并没有受到太多来自生存危机的刺激，所以在思想上才能够如此简单化。

对人类来说，拥有说话的能力和思维的能力简直可以说是一种崇高的能力，而社会情感在其中所发挥的效用是至关重要的。要是所有人都不按照当下所处的社会要求来生活，还想在这样的情况下，用自己的话来与人沟通，把问题都处理得干净漂亮，势必会乱套的。其实，对我们每个人来说，由社会情感带来的安全感无处不在，它早已成了我们生活的一种支撑。或许来自逻辑思维和真理的那种安全感会更叫人踏实一些，可社会安全感才是构成我们对于这两者如此信任的重要因素。举例来说，人们为何对数学计算的接受及信任度更高呢？为什么几乎所有人都觉得只要是通过数字表达出来的东西，就肯定是准确而不失真的呢？因为我们比较容易通过大脑来进行数字演算，而他人接受起来也并不难。相反，我们在接受一些真理的时候却没什么信心，因为觉得既不好言说，又不知道该怎么分享出来。这些想法也在柏拉图的脑子里时常闪现，因为他一直想用数字的形式，令其哲学思想数学化，他希望哲学家也能让哲学回归"洞穴"，与同类科学生活在一起，就此我们就更清楚他所要表达的哲学理念是什么了，而同时，在理解社会情感方面也就更好明白一些了。柏拉图觉得，即使身为哲学家，倘若没有收获社会情感带给自己的那种安全感，也同样是不能正确理解该如何生活。

对孩子来说，是缺乏来自社会情感的安全感的，所以当他们需要独自承担任务，或需要与他人合作时，就明显表现得缺乏经验。特别是在学校学习的那些有关逻辑和客观分析类的的课程时，问题势必会在其中凸显出来。

人类在其童年时期往往需要对各种观念加以学习，比如道德和伦理，然而在接受的时候，常常只能学个一知半解，并不全面。远离人群而生活的人，是不需要培养什么伦理观的，它只会在我们需要照顾和思考别人的利益，或是出于为某个社会团体的利益考虑时，才能体现出它的价值。这个观点想要在与美和艺术创作领域得到证明，是一件有些困难的事。不过就算如此，鉴于人们差不多都能跟上时代的步伐，并且对诸如健康和力量这样的概念，也不会出现太多理解上的偏差，所以，当看到某类艺术时，在感受上也都比较接近。事实上，何为艺术是很难界定的，人们在理解和接受时，有着很大的弹性空间，也许它还可以满足一定的个人喜好，让人能够自行想象一些东西。不过，总体而言，即便是艺术和美学也不能脱离社会情感而独自发展。

人们或许会就现实情况提出问题，孩子的社会情感发展情况要如何加以鉴别呢？对此，我们给出的答案就是：观察孩子，看他所表现出来的行动。比方说，孩子是不是只追求自己的优越感而不顾及旁人。若是如此，就可以看出，比起那些尽可能让自己不那么显眼的孩子来说，在社会情感上是有不足的。我们要清楚在如今的社会里，没有一个孩子不在心理上追求优越，但这又造成了社会情感不足的情况比较普遍。于是，很多人会说：人骨子里的天性就是自私的，会优先考虑自身而非他人。通常，道德所宣讲的那些东西也常表达出这样的意味，然而，不管是孩子还是大人，基本上都不买账，听与不听这些道德箴言，都影响不了什么。最终，人们只能自己安慰自己：别人跟自己差不了多少，也没见好到哪儿去。

当我们意识到孩子已经是非不分，还很有可能已经开始危害他人或触犯法律的地步时，就要谨慎以对了。显然，这时候再唠唠叨叨地进行说服教育已经没什么用了，应该更为深入地去看待问题，从本质上去解决孩子身上的毛病。也就是说，在处理问题时，我们的角色应该是朋友或是医生，而非法官。

我们倘若在教育孩子的时候，只是不断地告诉他，他有多笨、有多坏，那么他不会当你是在开玩笑的，自此，便很难信心满满地去正面解决自己的困难了。不管他试图做什么都成功不了时，这又使他加深了别人的对他说过的话的感觉，认为自己确实很笨。然而，他所不清楚的是，其实他之所以会对自己没信心，是因为环境的缘故。正是出于环境的影响，他才会在无意识的情况下也带着他人对他的偏见行事，想要证明别人的说法确实有理。对孩子来说，心里会觉得自己处处不如人，能力上和发展潜力上也都没有多大的进步空间，而这种心态恰好是与其心境相吻合的，就是感到绝望。孩子形成这样的心境当然与其处境有着直接的关系，有什么样的处境，就会使孩产生什么样的心境。

个体心理学通过研究是想表明环境对于人的影响，在每个犯错的孩子背后都会附带环境问题。比方说，孩子拖沓，缺乏章法，一定是有个总能帮他及时打理好一切的人。而要是孩子满口谎言，就意味着他的父亲很有权威，且只要他撒谎就会被父亲施以严厉的惩戒。此外，我们也能从喜欢说大话的孩子身上发现不少有关环境在起作用的蛛丝马迹：比起靠自身努力换取成功，他们更渴望得到他人的称赞，对他们来说，在追求自我优越的路途中，怎么能缺少亲人的认可和赞美呢？

在家里不受父母关注，或是不被父母理解的孩子，往往会呈现出不同的境遇。比如，家里要是有不止一个孩子的话，那么他们各自所处的家庭地位就会不同。最大的孩子曾有机会做唯一的独子，因而在地位上就得天独厚一些，这是第二个孩子所不能体会的。相对地，在家最小的孩子所经历的生活，也不是比他年长的孩子所能感受到的。这些孩子的境遇往往会有很大差别。一个家庭要是有两个男孩子，或是有两个女孩子，那么比较大的那个，以及比较优秀的那个，就在克服困难方面更容易一些。而年纪小的那个却还未经历这些，较之年长的孩子，他们的境遇就会变得不利于自身发展，他自己对此会有深深的感受。因此，往往会更努力地想要超过比他大的那个孩子，以补偿自己的自卑心理。

在一个家庭里，孩子处于怎样的位置对于一个一直以来都在研究儿童个体心理学的人来说，判断起来并不难。稍大一些的孩子通常是在以按部就班的进度向前发展，但比他小的孩子却因为受到了哥哥或姐姐的刺激而加速努力发展，以便能赶上他们的步伐。结果，小一些的孩子就常更活跃一些，也更主动，同时，也更显得盛气凌人一些。相反地，要是哥哥或姐姐不是很能干，也没有那么上进的话，那后面的孩子也就不用把心思都放在与他们的较量上了。

因此，孩子在家里处于一个怎样的位置，是我们应当明确下来的，只有明确了这一点才能对孩子本身有全然的了解。孩子是不是家里最小的孩子，能从他们的种种行为迹象中显示出来，而这指的是一般情况，也有比较特殊的例子发生。不过，最小的孩子通常的表现大致相同：都希望能赶超其他孩子，并为此不断地强化自己的感知和信念，再加上积极的努力，他们就会取得比其他孩子更突出的成绩。在教育孩子方面，观察他们的情况是件非常有意义的事，只有这样，我们才能用不同的方式和方法对孩子进行有针对性的教育。所有的孩子都是一个独特的个体，所以不能按照同一个模式来教育，在将他们分类时，必须将其视作一个独立的人来对待。这对于学校来说是不容易做到的事，但对一个家庭来说，就简单多了。

在观察家里最小的孩子时，有一点非常重要，那就是他们总想被人关注，想成为出类拔萃的那类人，而且，他们也都能够做到。说它重要，是因为遗传之说在此是站不住脚的，很多来自不同家庭中的最小成员，其表现并没有太大差别，所以很难让人相信，这些孩子都是因为遗传因素才这样的。

最小的孩子也不总是表现得像如上所述的类型那样，常会积极主动地进取，另一类家里最小的成员往往会因自己的位置最小而变得懒散和缺乏自信，有的甚至比较极端。表面上看，这两种类型的孩子差别很大，但从心理学上讲，还是说得通的。对于那些一心想要赶超他人的孩子来说，一旦遇到困难就比其他孩子更容易受到打击，因为追求卓越的野心来得太过猛烈，以至于他所承受的内心煎熬也更大。与那些没有野心的孩子相比，他们一旦发现自己难以克服困难，就会逃避得更快，很快就会往回退。在拉丁语中有一句谚语，说的是：要么就都有，要么什么也没有。而这两种类型的孩子恰恰与这句话所说的意思一致。

对于孩子在家因所处境遇不同而引起的不同特征，其实还有可表之处，而来自不同家庭的长子，事实上也有不少一样的特质，我们可以将之进行分类，大体上可以分成两三种类型来谈。

作者曾耗费了大量的时间来研究家里最大的孩子的境况，但一直都没有弄清楚这方面的问题。有一天，当看到冯塔纳的自传时，才从一段文字中捕捉到了灵感。在冯塔纳的自传中，他是这样描述父亲的：当父亲看到一个法国移民在参与波兰和俄国之间的战斗时说，波兰士兵用了一万兵力将俄国五万名士兵给打败了，且使他们被打得落荒而逃时，就感到非常开心。他与父亲的看法截然相反，不清楚他为何如此开心。父亲表示，俄国有五万的兵力，当然不会输给仅有一万名士兵的波兰军，还说："强大的人本来就该是这样，永远都不会输，若非事实如此，我也高兴不起来。"看到这里，我们自然很快就能发现，冯塔纳在家里肯定是最大的那个孩子，只有在这种情况下，才会有这样的论调。想必，他还能回忆出自己作为独子时，在家曾享有怎样的权利，而后来"皇位"却被最小的人夺去了，这多不公平！其实，我们看得出，一般长子都会性格保守，且循规蹈矩，对于权利和制度，还有律法都很崇尚。对于专制主义，他们往往会公开表示接受，并且在心理上，没有任何的愧疚感。此外，正因他们曾一度享有过一定的权位，故而会对权利持有坚决维护的态度。

现在，让我们来说一个值得关注的问题，就是之前在论述过程中曾提到的，关于在家庭中年长的孩子也有例外的情况。时至今日，人们还不大重视这一问题。当家里最大的男孩有了妹妹之后，所处的境遇就开始艰难起来，从那些不知所措又倍感沮丧的男孩子身上很容易看到这一点。他们会觉得问题都来自妹妹，是她们太过聪明才惹来这么多麻烦。对此，我们可以做出合理的解释，以证明这种频频发生的情况绝非偶然。如今，大时代的背景就是男人比女人显得要更为重要一些。头一个若生的是儿子，那么父母必然会对其疼爱备至，把自己的希望都放在了儿子身上。于是，这孩子便一直都能得到很好的照顾，可这一切在妹妹出生后结束了。相对地，妹妹的处境与之不同，她会被哥哥当成闯入者，他对她愤恨不已，要全力与她争夺宠爱。在这种情况下，身为妹妹往往会因此而受到刺激，会比一般的孩子还要努力。要是她一直能这样努力下去，不丧失勇气，那她的一生都将被这种刺激带来的影响所改变。我们再回到哥哥身上，当他看到妹妹以如此快的速度成长时，被吓坏了，一下子感觉所谓的男性更为优越的事不存在了，在他心里怎么能再踏实下去呢？而且，女孩子到了十四岁至十六岁这个年龄段时，自然会在身体上和精神上发展得要比男孩子更快。所以，当哥哥碰上这种情况，就会加重其不安心理，最终彻底失望。从此，很难有自信地继续努力，会找种种借口来应付困难，还可能会有意识地给自己设立屏障，让自己不用再努力争取什么。许多这种类型的孩子会变得更为敏感，处事手足无措，人们往往很难理解他们。其实原因很简单，就是自己觉得已经没什么能力可以与妹妹相抗衡。有时，这样的男孩子会非常憎恶女性，甚至到了令人费解的程度。而随后的命运往往也好不到哪儿去，因为身边不会有什么人理解他的处境，并告诉他到底是怎么一回事。

像上面所说的类型，也会发生在与几个姐妹共同生活在一起的男孩子身上，他们在特征上也有共性。要是一个家庭的女性多于男性，那么自然会形成一种女性化的氛围，身为男孩子在家里就很有可能集万千宠爱于一身，相反，也很有可能被所有的女性所排斥。对于这样的孩子来说，所处的境遇不同，自然在发展上也会不同，不过，也存在共性。在人的观念里，通常会认为男孩子最好不要单独由女性来养育，对于这种观念，我们不应该只看字面意思，事实上，哪个男孩子不是先由女性来照顾的呢？所以，我们在理解这一观念的时候，应看到其真实的意思，即男孩子最好不要单独放在只有女性的环境里成长。这么说，不是在针对女性，而是说男孩子身处在这种氛围中，往往会产出错误的理解。同样，女孩子要是身处在全是男性的家庭氛围里也会如此。因为，男孩子常常会看不起家里唯一的女孩子，于是，这个女孩子就会通过尝试着模仿男孩子来争取获得同等待遇，可这不利于她将来去适应自己的生活。

　　一个人再有包容度也是无法认可下面这种说法的，即应当用教育男孩的方式来教育女孩。或许，这在短时期内可行，但用不了多久问题就会显现了，人们难以回避男女间的那种本质上的差异。在生活中，男性由于自身身体构造的原因，就决定了其所能发挥的作用与女性是不同的。当人们开始选择自己的职业时，就不得不面对这个问题。有些女孩子对自己身为女性的事实感到不满，可在择业时，却往往很难适应那些专为女性而设计的工种。将来她们一旦有机会组建家庭，生儿育女，就必然得作为女性来教育自己的孩子，在这方面，男性和女性的着眼点肯定也是不一样的，男性会把目光主要放在孩子未来的发展上。这类女孩对婚姻会有一种敌视态度，认为这会令她感到屈辱，是在自降身份，又或者，当她们结婚时，就会在婚后把持住整个家庭的支配权。同样，那些从小被当作女孩子养的男孩也会遇上这类问题，并且无法与当前的主流社会文化形态相适应。

在对全盘情况加以考虑的时候，我们还必须记住，一般而言，孩子在四五岁的时候，其生活方式就已经成形了。因此，我们一定要把握好这段时间，帮助孩子建立起社会情感，并培养他适应社会的协调力。等孩子到了五岁，对于自身环境的认识就基本定型了，在日后的发展中，也都会遵循着这个轨迹往同一处发展，同时，孩子自身的统觉规划表也基本发展定型，对于外在的看法也就不再发生大的变化，他的视野将会围绕着他所关注的东西，因为就他而言，早已成为了一种循环往复的运作模式了，他的思想不会超出这个模式，也不会逾越。一个人的眼界始终会局限于其社会情感的发展水平。

▲ 社会情感代表了一种逻辑上更为合理、彻底的世界观。孩子会在五岁之前形成自己的一套生活方式，所以家长一定要把握好这段时间，帮助孩子建立起社会情感，并培养他适应社会的协调能力。对于因家庭排行问题而发生变化的孩子应该格外关注。

/ 第七章 /

儿童在家中的地位：

心理境况及处理方式

▼

▼

通过前面的论述，我们已经能够明白，孩子会在无意识中形成自己对所处位置的一整套观念，而这与其成长发展是相关联的。另外，我们也明白了不同孩子在家中所处的位置不同，也会影响他们的发展方向。

在教育孩子方面，当然是早一点儿开始为好，因为孩子随着时间成长，会在这个过程中形成一套适用于自己的规律和方法来指导其行为。于是，他的整套思维方式就决定了他将会怎样应对不同的环境。当孩子还处于幼儿阶段时，其实还不能形成足以作用于未来行为的特有的思维定式，我们在这个阶段还看不出有这方面的迹象。但成长几年之后，他在生活中有了历练，也就形成其固定的行为模式了，他在看待问题时，再也做不到客观地去理解，只会按照自己对过去生活的解读去处理事情。对于某个特定的境遇或是某种特别的困难，倘若孩子在判断上失误了，没有能力处理好，那他的行为就会因此而受到影响，还是按照错误的理解去行事。通常在成年之后，他的行为模式也不会受到来自逻辑或常识的影响而改变，唯一能转变这一点的便是在幼儿时期。

我们在教育孩子的时候，应该了解他们在成长阶段所出现的带有主观个性化的东西，所有的孩子都有其独特的性格，因此，只按照一套规则去教育所有的孩子是不可行的。现实的情况是，即便采用一模一样的教育方式，也同样会令孩子们呈现出多元化的发展结果。可在状况相同的情况下，孩子们的反应方式却没什么两样，这在我们看来，还不能算作是自然而然的事，因为事实上，当人们不了解当下所碰上的情况时，才会一次次犯下相同的错误。人们通常会认为，再生一个孩子会使原先的孩子产生嫉妒心理，而对此提出反对意见的人觉得，在这事上还是有不少例外的情况的。此外，还有人反对说，要是在弟（妹）出生前就帮助大点的那个孩子做好心理准备，那不是就不会令其感到嫉妒了吗？那些会误解事物的孩子，就好像在山间行走的人，当他站在岔路口时，难免会感到迷茫，不知该走向哪里才对，而当他终于找到了正确的方向，沿着它抵达终点时，往往都会听到别人惊讶的说：天哪，你走的这条路几乎没人能走出来！而孩子之所以会走上这种布满荆棘的小路，是因为它往往会诱使你觉得这是条好走的捷径。

对儿童性格发展造成影响的境遇不止这些。在我们身边，总能见到这样的场景：一个家庭有两个孩子，一个性格很好，另一个却相对较差。对此加以探究的话，我们就能发现，性格不好的那个孩子往往在追求自我优越感方面更为执着，不但想让身边的人全都围着自己转，还想让周遭的环境也都服务于他。他在家里总是制造各种声音让家人不得不关注他。相反，性格比较好的孩子则比较安静，总是谦虚地对待家人，家里人也对他娇宠有加，并让另一个孩子以他为榜样多学着点儿。在同一个家里竟然会出现表现得截然相反的两个孩子，这对父母来说，实在费解。不过，我们通过调查就可以知道，原来孩子争取表现好，是为了以这样的方式来获得他人的认可。以上述情况为例，那个表现好的孩子可以用自己好的表现来占据在家里的优势，显然表现不好的孩子不得不在这样的竞争中处于劣势。因此，倘若孩子在家里的竞争是以这样的性质表现的话，那么我们就可以理解第一个孩子是怎么回事了，他由于无法用更好的表现来超越另一个孩子，因此在不抱希望的情况下，就朝相反的方向发展了，认为只有这样才能重新占据优势地位。其实，这类行为乖张的孩子是有可能表现得很端正的，甚至可以超过其兄弟姐妹，很多人都有过类似的经验，而我们也会体会到：越是强烈地执着于追求优越感，就越容易走向极端。我们在学校也可以看到孩子出现类似的情况。

即便所有的成长条件都一样，也不会出现表现得一模一样的孩子，在这一点上，我们不可能提前预设什么。就好比上面所提到的例子，一个原本表现很好的孩子，不一定就会一直表现好，仍旧会被另一个品性不好的孩子所影响。其实，很多问题儿童并不是一开始就是如此，他们在最初的时候往往表现得很不错。

下面讲述一个案例。一个女孩子已经十七岁了，有一个大她十一岁的哥哥。十七年前她的哥哥一直是家里的独子，因此，一直以来都是家里的宠儿。后来，这个女孩出生了，当时，哥哥对此并没有什么嫉妒心理，还是像先前那样生活。而这个女孩从小到十岁的时候，可以说一直都是好孩子。然而，在她十岁那年，哥哥开始不怎么在家待着了，往往一走就是很久，于是，在家里女孩的地位就开始提升，变成了唯一的孩子，这之后，她便开始不管不顾起来，不管别人怎么说，也是如此。她所在的家庭环境比较宽裕，因此，她小时候就总能得到自己想要的一切，但随着年龄的增长，情况自然也会发生变化。于是，她开始不满足于过这样的生活，四处以家财作为信用来借钱，结果，没过多久就担不起负债了。通过借贷这种方式来改善处境，只能表明她是在选择通过其他途径来填补自己的欲望。也就是说，一旦要求被母亲拒绝，便不会再在行为上表现得如过去那般优秀了，开始转向不好的方面发展，随之而来的，就只能是与亲人争执，通过哭闹来解决问题，最后，也就成了令家人最反感的人了。

我们通过这个案例及其他相似的例子，可以总结出这样的结果：为了追求自我的优越感，孩子很可能以一种好的行为表现来作为争取的方式，但我们无法就此判断出他的行为能否在情况有变的时候也是如此，不清楚他到那时候还能否依然做到表现良好。在文章后，我们附上了儿童心理问卷，这能帮助我们更好地通过孩子的性格、行动、境遇，以及与其身边人的人际关系来深入地了解一个孩子的整体情况。不管怎么说，孩子的情形如何，是可以通过观察其生活方式来了解的。因此，观察孩子本身，再加上研究问卷资料的结果，我们就可以发现：不管孩子有着怎样的性格、生活方式如何、其情感是什么样的状态，其目的都是一致的，那就是想要追求自我优越感，要提升自己的价值感，同时，要让所有人都尊重自己。

我们在学校里，常能看到有一种类型的孩子是与上述所谈的情况不一样的。这些孩子看上去都很懒散，且性格内向，不管是对学习，还是对别人的批评都不在乎，同时，还无组织无纪律。他们好像只生活在自己幻想出来的世界里，我们无法从他们身上找到任何追求优越感的痕迹。不过，有经验的人都清楚，这些孩子不是不追求自我优越，而是他们就是以这种方式来追求的，尽管在形式上有点荒谬。他们没有信心通过正常的方式来获取成功，所以，就有意不给自己制造机会，去学习那些有助于让自己进步的方式。在他人的眼里，他们总是独来独往，一副个性冷淡的样子，然而，他们的性格不尽然就是冷漠的，在冷淡的外表下，往往隐藏着一颗异常敏锐而战栗的心，他们是怕外界会给自己带来伤害，才用冷淡把自己给包裹起来了。这样,越是把自己严密地包裹起来,就越不会被外界所打扰。

要是有人有法子让他们打开话匣子的话,就能发现,其实这类孩子对自己是高度关注的。他们做着各色的"白日梦",在梦里,他们都把自己想得又高大又无所不能,而置身于梦中,也就看不到现实了,因为,在那里他们是英雄,众人都要听命于他,又或者,他们正坐在专制统治的宝座上,坐拥王权,还可能是一名烈士,为拯救处在水深火热中的人们而壮烈牺牲。总之,他们不仅在幻想中喜欢以救世主的形象出现,连在日常生活中,也总是以此类人物的方式来行动的。这样的孩子会在别人遇到危险时,马上站出来,救人于旦夕之间。倘若他们尚有自信,就会把握住机会,只要有可能,就会在现实中做真正的救世主,他们会把在幻想中作为拯救者的自己也搬到现实中来,并反复在日常生活中这样磨炼自己。

有些幻想会周而复始的重现。比如,那些生在奥地利君主统治时期的孩子,就总会幻想是自己拯救了国王或太子,若不是他,他们就不能从危机中脱身。然而,对于孩子的想法,父母是并不知情的。在此,我们必须说明一点,孩子若是过度沉溺于幻想,就无法再适应现实生活了。在现实的生活中,他们往往很难令自己变得有用起来。如此一来,对这样的孩子来说,幻想与现实就隔着一道深深的鸿沟。有些孩子的行动会中庸一些,一边一如既往地做着自己的白日梦，一边又不脱离现实生活。而有些孩子则比较偏激，在现实生活中不会做任何努力，还会越来越沉溺于自己所构建的虚幻世界里，渐渐地不再涉足现实生活。此外，还有一些孩子则走向了另一个极端，他们只关注于现实和阅读，凡是脱离现实、令人浮想联翩的书籍都不入眼，只愿意接触那些与事实相关的，诸如游记、史书或狩猎方面的书。

在接受现实生活的问题上，既要求孩子有这方面的想象力，同时，又得事出自愿，这是毋庸置疑的。然而，我们也必须始终谨记，在看待这些事情的时候，孩子所用的方式跟成人必然是有区别的，他们往往会以极端的"非黑即白"的视角来审视这个世界。所以，理解孩子的前提是牢记这一点：对于每一件事情，孩子们都会偏向于将之分成鲜明对立的两种类型，比如：不是上就一定是下；不是好就必然是坏；若非智慧，便是蠢笨；要么优异，要么就低下；全都得到，或者什么都不要。有的成人与这些孩子也没有什么不同，在认知事物的时候，也是以对立的视角来看待的。我们都清楚，一旦这种思考模式成了一种定式，就再难打破了。比方说，我们在思维"冷"和"热"的时候，通常是对立来看的，但科学地来分析的话，它们只是在温度上有所区别罢了。

这种对立的思考模式不单出现在孩子的身上，早期的人类哲学也同样有着这样的思考模式。最早，在希腊哲学领域，居于主导地位的思想，就是将事物以对立的方式来看待的。时至今日，那些非专业人士，也还是会以这种观点来进行价值判断。一些人认为，像生与死，上与下，男与女这样的概念，都是互为对立，不能相容的。显然，这样的认知方式有点孩子气，它与古老的哲学在认知方式上有类似的部分。由此推之，惯于以对立的方式划归事物的人，在思维上还留有儿童式的那种思维方式。

在生活中，把事物按照对立方式判断的人，有着其独有的一套思维模式，对于这样的人，我们可以描述为：全都得到，或是什么都不要。在这个世界上，这样的想法显然是不可行的，可有些人还是会依此来规划和打理自己的生活。对于人类来说，是无法做到什么都有，或是什么都没有的，因为，在"有"和"无"之间，尚有数不清的"级别"充斥在其中。惯于在判断上用"非此即彼"的方式的人，往往有着极度的自卑心理，并伴有强烈的野心。这在历史上并不少见，比如恺撒。在他即将篡夺王位的时候，却因被朋友所杀而未能成功。有些孩子性格偏执且固执，而形成这样的怪异性格与其对立的思考模式密不可分，正是源于这种"要么占有一切，要么就什么都丢弃"的思想，他们才会如此。要想证明这一点不难，到处都是案例，甚至，我们现在就可以下定论——这类孩子都有一种私人化的哲学体系，在思维模式上，都是有悖常理的。下面，我们举个例子来对此加以说明。有一个女孩子已经四岁了，但在性格上却很偏执，并且很固执，有一天，她刚接过妈妈递给她的橙子，就顺手扔在了地上，对妈妈喊道："我想要什么自己会拿，不要你给我拿！"

　　孩子要是懒散，自然就不可能什么都能得到，于是，也就更容易沉迷在自己幻想出来的世界里，其想法既不真实也没有什么实质内容，可即便如此，我们也不能认定他们无药可救。对于极其敏感的孩子来说，需要在自己构筑的幻想里得到保护，借以逃离现实、避免伤害，但这并不代表他们难以适应现实，融入不了社会。实际上，不管是作家还是艺术家，甚至包括科学家，都需要一定的私人空间，不能与现实联系得太过紧密，得拥有自己一定的想象力才行。人们需要"白日梦"，因为可以通过幻想这条道路，来避免碰到那些可能会在生活中出现的不快和失败。此外，我们不能忘了那些领袖人物，往往都有着丰富的想象力，并能将之与现实很好地结合在一起，这样的人之所以能够领导大众，是因为他们有着敏锐的洞察力，另外，他们总是有意让自己鼓起勇气来面对那些来自生活上的难题，并顺利地克服它们。我们从那些伟人一生所经历的事迹中可以看出，他们中有不少人都在小的时候不那么注重现实，功课也平平，可在成长过程中，却慢慢养成了洞悉一切的才能。只要条件成熟，他们就足可凭借自身的勇气来对抗现实，奋发图强。

　　成功是不能复制的，世上没有一种可行之法能让每个孩子都成为伟人。不过，我们在解决孩子的问题时必须牢记：他们需要的是鼓励，需要有人把生活的真实意义解释给他们听，而我们切不可用过于粗鲁和蛮横的方式来教育孩子，这样一来，就能把孩子的幻想与现实之间的差距控制在一个合理的范围了。

▲ 对孩子的教育开始得越早越好，应在孩子形成固定的行为模式前开始，以温和的、鼓励的态度去教育孩子，使孩子能够尽量客观地面对现实生活。

/ 第八章 /

新 的 环 境 :

测试儿童是否已经做好了准备

▼

▼

每个个体的心理活动都是一个有机的整体。个体在表达其人格的时候，所彰显出来的是其人格方方面面的整体式的表达，它们彼此间都是能够吻合和呼应上的，并且，人格的发展进程不会发生任何断裂的情况，在时间上也不会有跳跃式发展的可能。人的性格不论是过去还是未来，都是一脉相连的，不过，这并不意味着生命中的一切事情都机械地被固定在过去的性格里，或是遗传基因里，但人的性格发展确实贯穿在人的过去和未来的生活之中，且不会在这个过程中发生断档的情况。也就是说，一个人不可能突然就不是自己了，而是换成了另一个样子。虽说没人知道原来的自己意味着什么，可等到自身的能力表现出来的时候，我们就知道自己是有这个能力的，但我们尚不清楚，自己都有着怎样的潜能。

现在，我们知道了人格是不间断发展的，因而才有可能凭此来教育孩子，帮助其改善。在这里，我们无意于机械决定论的概念，只是想表达一个孩子在步入新环境的情况下，才有可能监测出他在这种特定的空间里所呈现出的性格发展状态，而他自身潜藏的某种性格特质才有机会被发现。倘若我们有机会对个别儿童进行测试的话，就能通过将他们安置在一个新的环境里，或是一个他们想象不到新的境遇里，来观察其表现，这样就能发现他们的成长水平处于怎样一个状态了。到了新的环境，这些孩子不管做什么都会表现出与其过往性格相吻合的性格特质，也就能使我们发现平常所看不到的一面，也就是说，能看到他们一直隐而未见的那些性格。

对孩子来说，性格发展变化多发生在转变期里，比方说，由在家生活到有了学校生活，或是家里突然发生变故，这时也许就是我们最容易看到孩子性格发展的时刻，因为他们在性格上的局限会因此而明显地表露出来，就好像相片冲好后，就会开始显现出上面的影像一样。

我们曾得到一次机会，可以对一个被收养的孩子进行详细的研究。这孩子十分暴躁，也看不出他的行动代表什么意思。在与他进行交流的时候，对于我们提出的问题，他总是所答非所问，对话题不能做到机敏地反应。我们在对其进行了解之后发现：尽管孩子待在父养母家已经好几个月了，可仍对他们抱有敌意，不喜欢在那里住。

　　我们所能得出的结论就是如此。他的养父母听后，摇了摇头，然后跟我们说，其实对于这个孩子，他们一直都照顾得挺好的。实际上此前确实也没有人如此善待过这个孩子，可问题并不出在这里。在我们身边，常能听到家长说："我们什么方法都用上了，软的硬的都不管用。"所以，光是父母对孩子好，还远远不够。尽管善待孩子有时候会得到些回应，可不能以此断定孩子就能被我们改变，对孩子来说，本质上的东西并没有变化，只不过是暂时得到缓解罢了，他们还是会保持老样子，要是不再对他们秉持友好的态度，那么孩子必然会回复到先前的样子了。

　　父母是怎么想的不是最重要的，还要看孩子的感觉如何，他们的想法又是什么，孩子是否理解自己处在什么境遇下。回到案例，养父母认为，孩子与他们生活在一起，其实并不开心。他有这样的心理或许是有一定的道理的，可之所以有憎恶养父母的情绪，却一定还有其他的成因。我们跟孩子的养父母说，要是他们不能使孩子爱他们，也无法改变孩子的误解，那就只能让其他人来养育他了。这孩子觉得自己是被人给关起来了，因此，势必会用行动来反抗。仅仅对这孩子温柔还不够，只会令其稍有收敛，却不能让他明白到底发生了什么事情。我们从得到的更多情况中了解了整个事情的始末，这孩子是与养父母的孩子一起生活的，因此，他觉得他们在自己身上付出的关爱比不上对亲生孩子的关爱。当然，他之所以会暴怒不尽然是因为这一点，但事实上，他确实不想再在这个家里待着了，所以，只要能实现这个愿望，他什么事都愿意去做。孩子的目标既然如此，那么在我们对此加以考虑后就会发现，其实他所做的事情都是明智的。所以在此，我们就可以忽略他有可能有脑部发育不全的问题。这一家子在一段时间之后才明白，他们倘若就是改变不了这孩子，那也只好交给他人来抚养了。

要是我们对这类孩子的失误行为加以惩罚的话，就势必会令其为自己的反抗找到了合理的理由，进而反抗得更为强烈，惩罚对他来说，恰恰印证了自己的感觉——应该去反抗。对此，我们有充足的理由证明所述的观点是正确的。在我们看来，孩子之所以会有误解，会产生反抗行动，是因为他在与环境适应的过程中，形成了这样的斗争结果，他适应不了新的环境，也就是说，此前他并没有做好心理准备来迎接这一切。对于孩子所犯的一切"孩子气"的错误没什么好奇怪的，就连成人也不免会犯幼稚的错误。目前，几乎还没有人专门研究过人为什么会做出某种手势、会有某种姿势，以及不知道为什么会产生一些肢体微语言。但在教师而言，是有得天独厚的机会的，他们可以把孩子们身上的各种实际表达关联起来，看看这之中有着怎样的联系，并且能够探索到形成的根源。其中，我们需要注意一点，那就是在不同的场合下，孩子们的表达方式也会表露出不同的含义。同一件事情让两个不同的孩子去做的话，表达出的含义也会有所不同。即便是出于同一种心理问题，在表达形式上，不同的孩子也会有不同的情况。

孩子若是犯了什么错，往往是他的目标出了问题，目标定错了，自然结果就不好，所以我们不能依常理来判断孩子所做的事情是对还是错。确实，人性是很奇怪的，尽管孩子们在追求真理的时候有无数的可能性和机会犯下错误，但真理却是唯一的。

儿童的表达方式都有其一定的意义，但有些是在学校里很难被发现的，比如孩子的睡姿。有一个案例很有趣，说的是一个十五岁男孩的事情。他常常会梦到弗郎茨·约瑟夫一世，这位国王死后，其魂魄就跑来找他，让他组建一支部队去攻打俄罗斯。晚上，我们进入了孩子的房间，观察他的睡眠情况，他的睡姿特别奇怪，简直就像拿破仑在统领千百万军队作战似的。到了第二天我们又进行了跟踪调查，发现这孩子的动作在姿态上与其睡姿极其相似，看来，他在梦里的姿态和有意识做出的动作是相互关联的。我们在与他对话的时候试图对其进行引导，告诉他国王并没有死，可他对此却不愿相信。他跟我们说，在他做咖啡厅服务员的时候，总是被人嘲笑，说他是个小矮子。于是我们问他，你的走路姿势跟什么人比较像呢？他思考了片刻回答道："像我的迈尔老师。"这么看，我们的猜想不错，迈尔老师也是个小矮个儿，只要把他替换成拿破仑，所有的问题也就解开了。另外，还有一点很重要，这孩子跟我们说，他将来想要当一名老师。看来，他很喜欢他的迈尔老师，所以才会想要模仿这位老师的所有动作。总之，他的睡姿是他整个生活的一个缩影。

换一个新的环境，可以测试出孩子是否已经做好了准备来应对生活，其水平如何。要是孩子提前下的功夫很到位，那么对于迎接一个新环境就会充满信心，相反，就会觉得紧张，同时，还会从心里产生一种缺乏能力的感觉，而这会影响其判断事物的眼光，孩子就无法准确地对客观事物做出反应，而且，也满足不了客观环境需要他做出的反应，因为他尚不能以社会情感作为基石来采取对应的行动。换言之，孩子进入学校，就等于是换了一个新的环境，而他不能适应学校的生活，并不是校方在制度上有什么问题，而是孩子在入学之前，没有在这方面接受过教育，未能做好学前准备。

对于孩子要换的新环境，我们必须提前进行考察，当然，并不是说我们觉得孩子一旦到了一个新环境就会变坏，而是孩子在新的环境里会凸显出由于准备不足而带来的问题。每一个新环境都是一项测试，能看出孩子是否已经准备好接受它了。

我们在此环节，需要对书后所附的问卷中所涉及的几个问题再讨论一下。比如说，第一个问题是孩子在什么时候会开始遇到麻烦。对于这个问题，我们的第一反应就是，进入新环境的时候。有一位母亲说，在孩子上学之前一切还都挺好的。这句话其实能让我们了解不少情况，比她已经知道了的还要多。突然要开始上学了，这对孩子来说是无法适应的。倘若母亲说，孩子近三年都觉得不适应的话，那么她说得还不够全面，因为我们还没有弄清楚，这孩子在三年之前的处境如何，到底发生了什么样的变化，又或者，是不是身体上遭遇了什么问题。

一般而言，孩子适应不了学校，是失去信心的一个标志性现象。但人们往往不会在开始的时候就对其失败的经历引起足够的重视，而这对于一个孩子来说，兴许是灾难性的。所以，我们必须得搞清楚，孩子有没有因为成绩不佳而常常被父母施以惩罚，被动挨打过；有没有因为成绩问题、因为被父母责打而影响其对优越感的渴望。也许孩子会从此认为，自己是没用的，不可能再取得什么成功。特别是他的父母总在他耳边说"你什么都干不成""等你大了，少不了要进监狱的"，等等，那孩子就会更没什么自信了。有的孩子会被失败的经历所激励，而有的孩子则相反，一旦失败，就再也振作不起来了。我们在对待这些已经感到前路茫茫，没什么信心再努力的孩子时，应当多给予他们鼓励，并付出自己的耐心和包容心，温柔以对。

此外，我们不能轻率地对孩子解释有关性方面的知识，这会令他们陷入迷茫、混乱的状态。在家里，若是兄弟姊妹的表现比这个孩子好太多的话，会在一定程度上影响孩子的正常成长，他将更努力寻求进步，或是不再用心上进。

还有一个问题，要是孩子在进入新环境之前并没有准备好，那在他身上有没有显露一些迹象呢？孩子的父母对此可谓是众说纷纭。有人说："孩子在保持整洁方面，还没有养成习惯。"从这个答案可以看出，孩子的妈妈一定常常帮他把什么都做好了；有人说："孩子老是很害羞，比较腼腆。"这就能看出，孩子是非常恋家的。要是人们常用"弱小"来形容一个孩子的话，就意味着我们可以这么理解，他在身体器官功能方面，可能有某种天生的缺憾，而由于体虚，家里人势必就会多惯着他一些，又或者，他可能在外观上显得不怎么好看，所以常常不被人重视。此外，孱弱的孩子还有可能与其患有轻微的精神发育不全有关。有的孩子在发育上比较迟缓，因此，人们就有可能会怀疑是不是他的脑部发育有什么问题了。或许这种情况只是一时的，日后他会好起来，然而，孩子却还是会感觉父母一样在宠溺他、对他倍加关照，孩子在这种限制下，就更难以应对新的环境了。另外，要是有父母觉得孩子总是胆子小，还老是马马虎虎的话，那我们就可以断定，这孩子是想通过这种行动来引起他人的关注。

对老师来说，最为重要的责任就是要取得孩子的好感及信任，并且，凭这两点来帮助孩子建立起勇气。要是孩子的动作显得迟钝呆板的话，那么老师就要清楚这孩子很有可能惯用左手；倘若某个孩子在行动上过于鲁钝的话，就需要老师弄清楚这孩子是不是对自己的性别角色有所不满。一个男孩子要是生活在女性居多的环境里，那他或许就跟男孩子玩不到一块去，也不愿跟同性同伴在一起，因此，会被当成女孩子看，成为同学们的笑柄。对这类孩子来说，已经习惯了以女孩子的角色来生活了，所以，日后必然在心理上会经历一番痛苦的斗争。孩子在两性身体有别方面，不会有太大的认识，因而往往会相信，性别是可以更改的，不过，他们最后还是会发现，这是不可能的事，于是，就会在心理上生出异性才有的一些特质，这样就可以弥补表面上不能更改的事实了。人们往往可以通过一个孩子的穿着和行为看出有没有这种倾向。

有的女孩子讨厌做那些转为女人设计的工作。这在很大程度上取决于人们的一般概念，大多数的人都会觉得这类职位没什么意义。确实，从文明的角度来看，是存在这样的缺憾的。在我们的社会里，男性依然保有某些传统的"特权"，而这对女性来说是没有的。男性在这样的环境中，更有发展前景，且人们也更认同男性可以享有一定的特权。要是一个家庭新生的是个男婴，那么家人就会感到非常开心，要比新加入一个女性成员要高兴多了。但是，家人的这种反应会给孩子带来不利的影响，不管是男孩子还是女孩子。因为，女孩子用不了多久就会感到自卑，并为其所伤；而男孩子也不得不背负起家人对他的期望。在孩子的成长中，女孩所受的限制比男孩儿要多很多。即便像美国这样的国家，虽然已经看不出明显的局限了，但放到社会中，两性关系与社会关系，还是很难平衡的。

人类的整体精神状态，都会体现在孩子的心理上。要是女孩子难以接受了自己的性别角色，那么迎接她们的，势必是艰苦的生活，必然会对此做出反抗，主要的表现为：肆无忌惮、固执和怠惰，而这一切都源于她们追求自我的优越感。老师在看到女孩子有这方面的表现时，应当去核实，她是不是对自己的性别有所不满。倘若不满于自身的性别，将来就有可能延伸到生活的方方面面，这样，她的生活也就成了她的负担。我们有时能够从孩子那里听到，她们很想生活在一个没有性别之分的星球，一旦孩子有了这种不正确的观念，就会在行动上表现出来，做出许多荒唐事。甚至，有些女孩子会开始变得冷血，违法乱纪，还可能会轻生。我们若是对这样的孩子施以惩戒，不以同情心对待她们，那么势必会加重她们的心理负担，认为自己缺少的东西太多了。

　　事实上，这种不幸是可以避免的。我们必须用自然的方式，适当地让女孩子明白，男性和女性是不同的，不管是男孩子还是女孩子，都是非常有价值的存在。通常，父亲在家里的地位会更优越一些，他左右着一个家庭本身，是规则的制定者，同时，也是传达指令及解说实施办法的那个人，最后，决定行动的还是他。同样，兄长或是弟弟，也一样享有一定的位置，他们会通过看不起家里的姐妹，指责她们来彰显自身的优越感，如此一来，作为家里的女性，女孩子就会开始对自己的性别产生厌烦心理。从心理学上看，男孩子之所以会有这样的行为，是因为他们在心理上感到虚弱。事实上，在有"真本事"和"有能耐"之间，是存在很大差异的。

讨论女性在从古至今的历史中为什么没有取得丰功伟业是毫无意义的，即使是今天人们都没能好好地培养女人往这方面走。男人会把破袜子交到女人手里去缝补，想用这种方式来说服女人，认为她们就适合做这种事情。尽管在现实中，情况已经好多了，可社会上设定好的那些给女性的工作机会，却仍看不出这类工作是为了让她们干出一番大事来的。

对于女孩子，我们在帮助她们准备成为女人这方面是有不足的地方的，相反，却责备她们成就甚微。之所以会发生这种情况，是因为人们对事情的因果并不了解。要使这种现象得到改善是极其困难的，不仅是作为父亲的男人会理所应当地认为，他们就是该享有特权，连母亲也同样会觉得事实如此。在这种情况下，父母教育孩子时，就会传递这样的观念，即就该遵从于男性权威。如此，男孩就有理由让女孩听他的，而女孩在这样的环境下长大之后，就会怨恨男性所秉持的那种权威及优越感。要是这种怨恨非常强烈的话，就会使女孩成年后，不认同自己的性别，并尽可能地去模仿男人。在个体心理学上，在表述这种情况时有一个专业术语——抵抗男性。

当孩子在显露其性别特征的身体器官上出了问题时，一般就有可能会影响到以后的生理发育，比如说，畸形或是没有发育完全的孩子，就很有可能会因为自身的生理问题而对自己的性别产生质疑。也就是说，女孩子带有男性的身体特征，或是男孩子带有女性的身体特征。有时，这些孩子会认定自己是男性或女性，但其实他们只是有一点儿体弱罢了，并不是在生理上存在什么重大问题。倘若一个成熟的男人有着幼小的身躯，且发育得像个孩子，那么人们一眼就能看出来了，可换作是女孩子，就不会那么显眼。当这种情况出现时，势必就会引来人们的非议，觉得一个大男人怎么看着那么像女人。然而这种观点是错误的。其实，他看上去并不像女人，而是像个孩子。在我们的社会文明里，更倾向于男人就要显得高大威猛，那才是男子汉该有的样子，男人就应该比女人的成就更大，所以，要是一个男人在身体上发育得不完全，就肯定会感到很痛苦，自卑心很重。同样地，我们的社会更看重美丽的外表，一般会觉得漂亮的女人才是女人，所以，要是一个女人在身体上发育得不够好，或是看起来不那么有美感，也会令这个女人对生活产生厌恶心理，不愿意面对一些问题。

在区分两性特征上，我们一般把人的脾气秉性和情感当作第三性征来看。一个男孩若是素来就比较敏感的话，就会被人认为跟女孩子很像；而一个女孩子要是表现得镇定自若又很自信的话，就会被认为有男人风范。这些性格上的特征都是后天才生成的，并非天生就有。很多成年人在回想起自己儿童时期的状态时，都觉得早期的性格里有很多不同的特质，这些人说，自己事实上在还是孩子的时候，会有怪异的行为，有些表现看上去会与众不同一些。他们的情况各异，有的较为内向，不爱说话；有的则在行动上或是举止上无法区分是男孩子还是女孩子。在他们的成长过程中，会一直秉持着自己对自己的性别理解去发展。

在问卷中，紧接着就是孩子在性方面的发育及对相关问题的探讨了。这里指的是孩子到了一定的年龄，就要了解有关性方面的一些知识了。我可以断定，有至少百分之九十的孩子早在父母或是老师解说性问题时，就已经知道一些有关知识了。每个孩子对性的接受程度和理解程度都不一样，因此，我们难以硬性规定怎么在这方面对孩子进行教育，同时，对孩子解释性问题又会出现什么结果，也是我们所不能估量的。因此，在回答孩子提出的性问题之前，我们应该先对孩子的实际情况有一定的认知。尽管早一些对孩子解释有关性的问题，不一定就会对他们构成什么危害，但我们还是不主张让孩子过早就知道这些。

在问卷调查中，还有涉及养子和私生子的问题，都比较难以处理。不管是养子还是私生子，都会顺理成章地认为自己应该受到良好的对待，要是有人对他们很苛刻或是很严厉，那么他们就会把原因推给环境，是他们在家里的地位造成的。要是一个男孩子没有了妈妈，那么这样的孩子有时就会对父亲过于依赖。等父亲在一段时间之后再婚，就会觉得父亲一定是不要他了。于是，拒绝友好地对待继母。有意思的是，一些孩子还会把自己的生身父母视为继父或继母，当然，这里面肯定有对亲生父母的苛责和怨怼的心理。在很多神话故事里都把继父和继母描写得非常恶毒，因此，继父和继母也就很难不背负骂名了。顺带提一句，孩子会从神话故事中对人性有所了解，尽管让孩子远离这类东西是不可能的，可毕竟这并不是孩子最好的阅读书籍。不过，我们可以在看一些神话故事时，为其加上点评语，以此来引导教育孩子。同时，还要避免让孩子接触到那些容易引起歧义的故事和过于残忍暴力的故事。人们有时候会选择一些强人暴力征服敌人的童话故事，借以磨炼孩子，想要通过这种方式让孩子在情感上坚强起来，然而，这种做法是不对的，是我们对英雄的崇拜心理在作祟。这会让孩子认为，不能对他人显示出同情心，因为这是缺乏男子气的表现。令人不理解的是，一个人在情感上温柔，反倒受人嘲笑。事实上，要是人们不错用温柔之情，是完全可以从中获益的。不过，每一种情感都是如此，都有可能被错误地加以运用。

对于私生子来说，在处境上是最为艰难的。毫无疑问，男人的责任却让女人和小孩来背负，绝对有失公允。而孩子无疑是承受最多伤害的那个。他们要忍受巨大的痛苦，就算有人尽力帮助他们也是一样，这是因为，他们很快就能从常识中了解到，别的孩子和他的情况有着很大的差异，他们生活得很不正常。他们不仅要忍受伙伴们鄙视的目光，连法律也不眷顾他们，这使得他们在生存上都成了问题。于是，就形成了敏感心理，极易与人发生冲突，而在看待这个世界的时候总是抱有敌意，这是不可避免的。

任何一种语言都有专门描述他们的词汇，在称呼上不是鄙视他们，就是把他们视作是丑陋的存在，还有一些称呼会明显带有侮辱性。很多问题儿童及罪犯都出自孤儿或是私生子，其中的缘由不言而喻。不过，尽管他们有些性格孤僻，不爱跟人打交道，可我们也不能因此就判定，形成这样的性格是因为遗传导致或是先天既得的，事实上，这也说不通。

▲ 一个新的环境就是对孩子的一个测试，根据孩子的反应，可以看出他为此做出的准备及其潜能和隐藏的性格，从而判断他们的成长状况。

/ 第九章 /

孩子的学校生活

▼

▼

对于孩子而言，进了学校就等于是进入了一个完全没有涉足过的新环境。之前我们已经说过，一个新的环境可以检验出孩子有没有得到过足够的准备教育，用以适应即将来临的新环境，而进入学校，也可以对此进行测试。倘若孩子此前接受过准备入学的教育，那么顺利通关就不是难事，倘若不是这样的话，那我们就很容易看出，他在入学后所显露出的因缺乏入学准备而引发的一些问题了。

孩子刚开始进入幼儿园或是学校的时候，很少会有人记录他们在心理准备方面的过程，要是人们能记录孩子的情况，那对我们了解孩子成人后的行为就会非常有帮助，可以借此来分析他的行为有着什么样的意义。新环境测试所透露出的情况，要比孩子的日常学习成绩更能说明问题，它会告诉我们孩子的一些真实情况。

　　一个孩子在刚踏入校门的时候，学校对他的要求会是什么呢？他得学会与老师配合，团结同学，并喜欢学校为他安排的各种科目。孩子能否适应在学校里的新生活，在一定程度上也反映出了他与别人的合作能力，以及他的兴趣都在哪里。这样，我们就能知道：他喜欢上什么课、喜不喜欢听别人说什么，还有他会对什么产生兴趣。进行核实的时候，我们只要注意孩子的举止、话语、手势、眼神，以及他是如何听其他人讲话的就可以了，还有，我们要去观察孩子对老师的反应，是比较友善还是想法子避开等情况。

　　所有细节所表现出来的情况，对于孩子的心理成长都会带来影响。在这方面，我的一个病人就很能说明情况。他在择业过程中遇到了问题，什么职业都适应不了，因此，来找心理医生寻求帮助。我们对他的童年进行了回顾，发现他的父母在他出生后没过多久就离世了，他从此与姐妹一起长大。当他到了该入学的年龄时，不清楚自己是上男校，还是女校。结果，姐姐劝他说应该读女校，他就去了，然而没上几天学就被校方给开除了。可以想见，一个孩子在经历这样的事之后，会留下怎样的印象，必定糟透了。孩子对老师是否感兴趣非常重要，这决定了他会不会专心去学习。所以，对于老师来说，一个非常重要的教学技巧就是让孩子专心听讲。要是碰上孩子精力不集中，或是漫不经心的情况，就应当立马有所察觉。在刚步入学校的那段时间，不少孩子都缺乏专注力，这样的孩子通常在家的时候，被家人给惯坏了，所以当他上学后一下子面对那么多陌生面孔时，就被弄得应接不暇了。倘若这样的孩子刚巧遇到了严厉的老师，就很可能看上去老慢半拍，像是记性不好似的。不过，在人们的认知里，孩子记性差，老忘了自己的功课，不是什么大问题，但原因并不那么简单。其实，记不住功课、总挨老师骂的孩子往往可以轻易记住其他东西。甚至，他的专注力也不差，不过这样的孩子得首先被家人宠爱着才会如此。因为对他来说，更在意的是别人能不能满足他的需要，至于功课，那就另当别论了。

要是此类学生难以适应学校生活，无法取得良好的成绩，还老是考不及格，那对他来说，不论是批评还是责备都不会有效果。因为，他的生活方式不会因此而发生转变，反而会加深他对自己的理解，认为自己在学校里是一无是处的孩子，并且，还会由此而产生悲观心理，变得消极起来。不过，要是这些被家人溺爱的孩子能够重新获得老师的宠爱的话，往往会更加刻苦用功学习了，这一点非常值得我们留意。孩子们要是觉得在学校更有利于他们，就必然会好好努力学习，可事实上，没人能够保证孩子一定能在学校的生活中获得足够的爱护。有时候孩子的学习成绩会止步不前，这通常是因为换了学校，或是教他的老师变了，另外，还可能因为孩子学不好某个特定的科目，比方说数学。这对于一向被惯坏的孩子来说,是极难掌握的。于是,当孩子碰到此类情况时,就不会再信心满满地努力进步了,毕竟对他来说,已经习惯了轻松地应付各种事情了,因为每次都有人帮他准备好一切。这样的孩子根本不清楚如何下苦功去做事,也没有获得过这方面的培训,因此,缺乏克服困难的耐心和勇气。

说到这里,我们就能弄清楚为什么要在孩子入学前就帮他打下充足的基础到底有何意义了。要是此前孩子没怎么下过功夫,那很大程度上是由于母亲没有在这方面给予帮助。我们都很清楚,作为母亲,肯定是头一个能让孩子对学校产生兴趣的人,在这一点上负有至关重要的责任,她完全可以把握自己孩子的兴趣点,将之引入健康的入学之路。然而,要是她没有在这方面负起责任,后果肯定是不理想的。而事实上,这常常发生,等孩子到了学校,我们看看他的表现也就知道了。在这个问题上,除了母亲所起到主要的作用外,还有其他因素会影响孩子适应新环境,它们均来自于孩子的家庭。比如,与父亲、兄弟姊妹有关,前者对孩子会造成一定的影响力,而后者会与其形成竞争关系,对于这一点,此前我们已经分析过了。另外,发挥作用的还有家庭以外的因素,比如说,来自社会的不良环境,以及社会上的某些成见,对此,我们将在下一章的内容里详述。

总之,导致儿童没有做好入学准备的因素有很多,倘若仅以学习成绩来评判他们,显然是很不明智的。对于孩子的学习成绩，不应该着重于去看分数高低，而是应该将其视为孩子们在学校里所反映出的心理状态，通过分数去了解一个孩子在智力上、兴趣点上，以及专注力方面的情况。事实上，不管是通过学习成绩来检验学生，还是借由智力测评这样的科学方法来测评学生，都是一样的。虽然两者在结构上和内容上有所不同，但在我们让孩子接受这样的测试时，应该将关注点放在孩子的心理状态上，看看他们发展的究竟如何，而不能过于关注纸上所堆砌出来的大量数据。

智力测试在近几年发展迅猛，因此老师们自然都会对其结果非常重视，这在有些情况下是合理的，毕竟可以让我们知道不少通过一般性测试所测不出来的结果。这样的测试对孩子也很有用，能够帮助他们脱离困境。比如说，某个男孩子成绩十分不理想，就连老师都想让他降级，可通过测试，却让大家都看到了这个男孩在智力方面是可以达到比当前水平更高的程度的，因此，他最终不但没有降级，反倒还越级了。这让孩子觉得自己是能够获得成功的，继而在表现上也比过去强了许多。

在此，我们并非是想质疑智力测试的功效，而是想要强调一点，倘若孩子一定要参与测试，那么不管是孩子本身，还是他的父母，都应该不去问结果如何，因为他们都不清楚这样的测试在实质上究竟意味着什么。通常，父母和孩子都会以为，得到一个测试结果，就得到了最终的答案，并且这个最终的评定就是对孩子的一个完整的判断。于是，孩子就会一直带着这个结果生活，被其所限，为其所累。其实，不少人都认为，不应该将测评结果视为终极结果。即便能在智力测验中拿到高分，也并不意味着今后的生活就能获得某种保障，事实恰恰相反，那些日后比较成功人，过去在智力测试中的分数，大多都不理想。

按照个体心理学家对此类测评的经验，要是被测者能够找到应对测评的办法，通常都可以做到在第一次拿到低分后不再如此，他们会在往后的测试中逐渐将分数提高。其中一个法子就是，对智力测试中的某类题型进行有针对性的摸索，这样便能找到所需的应对窍门和需要准备的东西。孩子可以通过这样的方式来累积经验，然后，就不难在往后的测评中取得好成绩了。

这之后，我们需要关注另一个至关重要的问题，那就是，在学校，日常教学对学生能起到多大作用，效果如何？制定的课业是否超出了学生所能承受的范畴。在此，我们并不是对学校所安排的科目是否有价值心存疑虑，也无意让校方适当取消一些科目。问题的重点在于，应该使科目之间互为关联，然后再让学生融会贯通的学习。这么做，就能让学生们知道，为什么要学习这样的科目，以及它本身有什么实质意义。如此一来，学生就不会将所学科目看成是不真实而理论性过强的东西了。我们当前所要讨论的是教育学生有关各学科的知识，以及有关该学科的实际情况，或者对孩子的人格进行重点培养。个体心理学主张，学校可以同时发展这两点。

在前面的内容中我们已经说过，孩子在学校里应该学到一些有趣的课程，而且它们都应是不脱离实际生活的知识。数学中的算数和几何，就可以联系现实中的建筑来讲，比如，建筑物有着怎样的风格，结构上是怎样的，能住多少人，等等。相应的，学科与学科之间也可以就其相关的部分来进行整编，好让学生能够将它们结合在一起学习。一些在教育上较为领先的学校，会配备一些专家，他们会懂得让相关学科联系在一起，把知识串联起来讲。这些教育专家会领着学生走出教室，漫步在阳光下，尝试着去弄清楚孩子们相对更喜欢什么科目，不喜欢哪些课目。在传授知识的时候，他们往往会灵活把握，知道哪些知识可以搭配在一起讲，好让孩子们能够活学活用。比方讲，当讲到植物的时候，就将某一植物的历史、所处国家的气候特点等相关知识都集中在一起告诉学生。如此一来，学生不但有了兴致，老师也能改善枯燥乏味的氛围，令该学科生动起来，而学生们也能通过这种贯通的方式，真正地接触到事物本身，并对其增进了解。教育最终不就是要实现这一点吗？

在学校这样的环境，孩子就要面临竞争了，而且还是个人化的角逐，我们得了解这件事情的重要性。要是孩子们在学校都可以融入自己的班集体，并认为自己确实是其中的一分子的话，就最为理想了。此时，教师应该注意学生们的好胜心理及竞争意识，尽可能保证在一定的范围内是可控的。一般而言，孩子都不想落后，不想眼看着有人超过自己。为此，有些孩子会不遗余力地努力赶超，而有的孩子却会因为有同学遥遥领先而深感失望，在看待事物时不免带有主观情绪。这时，教师的重要性就凸显出来了，因为教师本来就有引导和规劝学生责任，只要他正确指导，就很有可能把一个在竞争态势下奋力抵抗的孩子解脱出来，令他学会将争斗之力转为合作之力。

对于上述问题，我们可以让学生们自己解决，让孩子在自己的班级里实现"自治"，并自己制订合适的整套计划。在制订计划的时候，没必要事先准备什么，让孩子们观察并留意班上的情况就可以了，或是，让他们先提提意见。要是在学生们还没有做好准备的前提下来实施"自治"计划的话，我们就能看到，在处罚学生的时候，孩子们往往比老师还要严苛，甚至还有学生深谙此道，明白如何以权谋私给自己多争取些优势，以及提升自己的优越感。

我们应综合考虑教师及同学的意见来评估学生在校期间所获得的进步，不能只在意教师的看法。在这一方面，孩子们的判断力往往都很不错，这非常有意思。哪个学生在拼写上最好、哪个学生善于画画、哪个学生运动方面最强，他们都清楚。要是让孩子们互相打分，他们能做得很好。但在对其他人做出评价时，常常就很难做到公平了，不过他们也能意识到这一点，所以会尽可能地让自己保持公平立场。在评估学生这个问题上，最难的就是判断那些自暴自弃的孩子了，他们会自以为永远也无法追上其他同学，可其实事情并非如此，他们绝对可以奋起直追。我们必须对孩子指明，他对自己的评价是不正确的，不然孩子就会将这样的看法定型，日后想要改变就难了。一旦孩子抱有这样的观点，就只能一直待在原地，永远也前进不了。

绝大多数孩子在学校的成绩变动不大，好的总是好，差的总是垫底，处于中间位置的也始终会保持在那个位置。出现这种格局，如果说是孩子智力发展的情况所造成的，不如说这其实反映的是孩子在心态上的一种被定格了的惯性。看到这种迹象，我们就应该清楚，孩子会给自己设限，在经历了一些挫折之后，有的孩子就会由乐观转而变得悲观起来。不过有一点也很重要，学生的成绩会时不时地变化一下，透过这个事实，我们就能明白，儿童在智力发展方面不存在天生既定的问题，是会产生变化的。对此，老师也要跟孩子们说清楚，让他们也能认清这一点，并且在学习的过程中善加应用。

有一种习惯的做法，有些人会把那些只要是心智正常的孩子就能获得的成绩，归因到遗传因素上，对于这种做法，不论是老师还是学生，都应该予以摒弃。这或许是儿童教育方面最为荒谬的地方了——相信能力都是通过遗传得来的。一开始，当个体心理学抛出这个观点时，人们普遍觉得这不是真的，而是我们乐观的一种猜想罢了，没有科学根据。不过，时至今日，这个观点正被更多的心理学家及病理学家所接纳。能力来自遗传这样的说法很容易被孩子和孩子的父母，以及老师拿来当"替罪羊"。只要遇到困难，不得不付出努力去处理的时候，人们就会拿遗传来当挡箭牌，借以逃避责任。然而，没有人有权逃避自己的义务，而对于那些以逃脱责任为目的的观点，人们也应该保有质疑。

从事教育工作的人，倘若相信自己的工作在教育方面是有价值的，相信通过教育，可以培养人的性格，那么，对于遗传这样的观点，就不会轻易地接受，也不会产生矛盾心理。在这里，我们暂且撇开身体上的遗传因素不谈。我们都清楚，身体上要是存在某些器官缺陷的话，是可以通过遗传带给下一代的，甚至有些器官的功能也会代代相传下去。可人在精神方面的能力与人的器官功能运作存在联系吗？在阐述个体心理学的观点时，我们已经着重说过，人的精神也能体会出来自身体器官的能力，并有着与之类似的经历。此外，精神还要照顾到身体器官所具有的实际能力。然而，精神有时候会过于关注器官的功能，以至于因为受到了来自身体器官残缺或病痛的"惊吓"，而难以在其康复后很快解除这种由"惊吓"带来的恐惧。

人们看到某些现象后，就喜欢刨根究底，想要弄清楚事情的前因后果，但用遗传去评判某个人的成就，是会误导不少人的。以这样的思维模式去衡量他人，就会犯下一个常见的错误，即忘了在我们祖祖辈辈的家谱中，每一代的祖先世系，都是由父亲和母亲作为一代构成的。假使往前追溯五代，那么我们的祖先就有六十四位，从这么多人里找出一个聪慧之人，是很容易的，如此一来，后辈要是有什么才能，就都可以算到他头上了。假使往前再追溯五代，就是十代人，那么我们的祖先就是四千零九十六位了，自然可以挑出那么一个能够鹤立鸡群的人。但是我们也不要忘了，先人中的那位杰出之人，往往会遗留下一种家族风范，后人常会受其影响，而这种影响力与纯粹的遗传影响足以比肩，都会产生一定的作用。由此，我们就好理解为何有的家庭会出现那么多的有德之士了。显然，问题出自家族风范而非纯粹的遗传，事实就是这么简单。在古老的欧洲，那时的情况往往是这样的：孩子们基本都得子承父业。倘若我们在此先忽略当时社会制度所发挥的作用的话，那就会很自然地觉得，那些关于遗传因素带来的作用的数字统计，能够有力地说服我们相信，遗传之力是千真万确的。

孩子不能取得能力上的进步，除了人们迷信的认为这源于遗传的因素外，还有一个最大的阻碍，那就是，家长对成绩不好的孩子会实施处罚。对孩子来说，要是考不好，就得不到老师的喜爱，而这不但在学校令他很苦恼，在家也是如此，他还得忍受来自父母的训斥，有的家长甚至还会体罚自己的孩子。教师应当对此了然于胸，要是一个孩子考得很差，就势必会对其造成很严重的后果。有的老师觉得，孩子要是将成绩单递到父母手里，就肯定会想，必须得在之后的学习中发奋图强了。然而，这么想的老师忽略一个问题，这并不适用于那些特殊的家庭。有的家庭家教甚严，在这种情况下，孩子在拿到成绩单后就会犹豫不决，不确定自己要不要交给父母，为此，他很有可能不敢回家，有的孩子甚至还会因为太过绝望，而有了轻生之念。

校方制定的规章制度，对于教师来说是不用担责的，可制度本身往往存在着有违人性，且苛刻的地方，要是老师们出自同情心，愿意理解孩子，从中做出一些调和的话，那就太好了。这样，老师就可以顾及一些个别孩子所处的特殊情况，而对其适当放宽一些了，而这个孩子也就有可能因为受到鼓励，而不至于往绝路上走了。孩子考得差，心里肯定会感到压抑和沉重，所有人都清楚他是班里最差的那一个，而最终，他也会相信自己就是垫底的差生。要是我们能站在他的角度想想的话，就知道为什么他会不爱上学了。因此，他们会这么做也是人之常情。倘若孩子在校时被人批评，成绩又差，那当然就不愿意再去上学了，情况严重的话，就想要逃学了。

尽管孩子们有可能会出现这种情况，但我们也不必大惊小怪，不过，我们需要保持清醒的意识，要认识到发生这些事情意味着：这只是个差劲的开头而已，特别是对那些正处在青春期的孩子来说。孩子为了保护自己，便会篡改自己的成绩单，甚至不再去学校上课而和同类型的学生厮混在一起，到处惹是生非，最终踏上犯罪之路。

在个体心理学看来，这些事情并不是不可避免的，如果人们能接受每一个孩子都并非无可救药这一观点的话，那么有些事就不会发生了，我们是可以找到方法来改变他们的。不管孩子的情况到了怎样的地步都可以想法子解决，只是，这需要我们尽力去寻找应对的方式方法。

学生要是蹲班，必然会带来不少弊端，在此就不赘述了。基本上老师们对此也是赞同的，因为让学生蹲班重修，不仅给学校带来不少麻烦，对一个家庭来说也是问题重重。或许有个别例外的家庭，但肯定为数不多。大部分蹲班生往往会重复多次，学习总是赶不上其他孩子。而对于他们的问题，人们却总是予以回避，直到最后，问题还是摆在那里。

判断一个孩子到何种情况就得重修课业是个很有难度的问题。对此，有不少老师都能够解决，他们会利用假期给孩子单独进行辅导，看看他们在生活方式上是否出现了什么问题，然后帮助他们改过来，如此一来，也就能让他们顺利跟上了。在学校，要是有专门从事这方面工作的辅导老师就好了，然后，再将这种方式大范围地推广下去。尽管我们可以从社会工作者和家庭教师那里得到帮助，但却没有太多类似这样能给孩子补课的辅导老师。

上门为孩子补课的家教制度在德国这样的国家也是不实行的，所以，这类教师不是我们真正所需要的。那么，老师在校内职教就应该是最了解孩子情况的人了，倘若老师很有经验的话，就比其他人更能观察到孩子的实际情况。有人会说，即使是班主任，也没法一一知道班上学生的状态，毕竟班里的学生太多了。可事实上，要是他们能够在孩子们刚进入学校的时候就开始观察的话，那么不用太长的时间，就可以对学生们的生活方式了然于胸了，还可以及早发现问题，避免日后生出事端来。这样，就算是一个班里有很多学生，也一样能够做到。根据不同学生的不同情况来教育，总比教导不清楚怎么回事的学生来得容易，且更为有效果。一个班级里不宜有太多的学生，应尽可能地避免出现这种情况，不过，倘若事实如此，也还是可以想法子克服的。

站在心理学角度而言，最好的做法是让孩子的老师与孩子一起升入新的年级，不要年年给孩子换新的老师。对于孩子来说，要是老师能与自己在一起共度两到三年，甚至四年的话，无疑在各方面都是好的，然而有的学校却半年就换一次老师。倘若老师们可以跟孩子待几年，那他就能获得更多的机会去了解他的学生了，并且更为深入，同时，也更便于了解孩子们的生活方式有无问题，并及时帮他们改过来。

跳级对孩子来说是不是件好事还有待研究，不过，事实上这样的孩子也有不少。一般来说，跳级学习的孩子往往会因对自己期望过高，而难以感到满足。要是一个孩子在年龄上超出了所在年级的平均年龄，是可以考虑连续跳级的。对于一个过去成绩并不优秀，却一下子有了大幅度提高的孩子而言，也同样适用。但我们却不该将跳级视为奖励，专门针对那些成绩好，或是知识量累积得超出一般学生的孩子。对学习优异的孩子而言，倘若能利用课余时间，多学点诸如画画或音乐这样的课外知识的话，肯定对他大有好处，能够使学习到的知识就更丰富。而对于他所在的班级而言，有这样一个孩子的存在，对其他学生来说是也一种激励。因此，让这么出色的孩子离开班集体，未见得是件好事。有些人觉得，学习成绩出类拔萃的孩子，就理应有提升的机会，可我们却不这么看，因为就整体而言，一个表现出色的孩子更能带动起集体的学习氛围，促进所有的孩子都努力向前发展。

学校里要是有快班和慢班的分类的话，对其进行考察后就能发现一些有趣的事。孩子在快班，智力上并非全都那么优秀，这着实令人诧异；而处于慢班的孩子，也不全都是人们理解的那样，没有一个机灵的。大多数学生之所以被分到慢班，是因为家庭的缘故，他们多是贫困家庭的子女。在学校，他们往往名声不好，被认为是不求上进的一类。其实，原因只是出在了没有准备好过学校的生活上，这很好理解，家庭比较贫困的孩子的父母都很忙，腾不出时间来教育孩子，又或者父母本身文化水平不高，难以为孩子进行这样的准备。于是，家庭贫困学生就只能因心理准备不足而被分至慢班。

前面我们已经提到过辅导老师的作用了，而对于这些孩子来说，由这样的老师来照顾最为合适。除此之外，学校应设立俱乐部，让孩子们在那里可以获得特殊辅导，如写作业、玩游戏、读书等。通过这些方式，就可以培养孩子们的信心了。而相应地，若是长久处于慢班，必然会使他们感觉没有勇气、难以改善当前境遇。要是在俱乐部里都能配备上数量充足的活动空间的话，那么孩子就不会跑到街上无所事事，更不会沾染上不良的社会风气了。

在有关教育方式的讨论中，必然会涉及男生和女生混在一个班级上课的问题。我们在原则上是认可的，并且乐于促进两性同班同读，因为这样可以使不同性别的孩子可以增进对彼此的了解。不过，任由男女同班自由发展下去是极不可取的，这会涉及一些我们必须要加以考虑，并妥善处理的特殊问题，不然结果将是弊大于利。比方说，女孩子在十六岁之前比男孩子同期成长发育得更快，而这往往不被人重视，要是男生对此也缺乏认识的话，就会在被女生赶超时心理失衡，继而要与之分出高下，然而，这根本没有意义。不论是老师还是学校方面都应对此加以考虑，妥善而全面地处理此事。

老师如果乐于混班式教学，又对其中所涉及的问题有所关注的话，就能成功化解问题，教育得当。但相反地，要是老师不认可这种体制，觉得这无异于是一种负担的话，结果必然是难以带好学生。

男女同校若在制度上做不到妥善安排，又不能正确地引导学生们，那么自然会有性方面的问题产生了。对此，我们会在下一章加以探讨，而在这里，需要先指出来一点：在学校展开性教育是异常复杂的事，我们该如何解决这一问题呢？其实，由学校来进行性教育知识的讲解并不妥当，不是最理想的地方。这是因为，老师在全班同学面前讲授时，根本不可能了解到下面每位学生的反应。如果有学生私下问及此事，老师就能有针对性地回答了。倘若提问的是女学生，那么老师在给出答复时，就应告诉她正确的事实。

说到这里，我们离正题有点远了，现在就让我们回到有关学校在教务上的安排问题，这才是我们所要讲述的重点问题。可以说，只要知道了学生们的兴趣所在，更善于掌握哪门科目后，就能明白该怎么去教导他们了。成功会带来更大的成功，这在教育领域是行得通的，而在生活的方方面面也同样适用。一旦学生对某一科目产生兴趣并学得不错，那他就会因此而受到激励，进而以此为基础去努力学好其他的课程，对此，老师应该善加利用他们取得的成就，激发他们去学好更多更深的知识。学生往往不知道这是每个人的必经之路，既不清楚要怎样度过这个阶段，也不知该如何付出努力才能从一无所知到知之甚多。在这一点上，教师最有发言权，他清楚该做什么，该如何去做，因此，倘若他适当的对学生们加以引导，就能发现，其实学生们是能够理解的，并且会很乐意配合老师的工作。

我们已经讨论过关于如何找到孩子们喜欢的科目的问题了，而这在找出他们善于用哪一种身体器官去感觉事物方面，也同样适用。我们需要去了解，孩子们都善于用哪些器官来感受事物，属于什么样的感知类型。多数孩子在视觉上都接受过很好的训练，感知力发展得很好，而有的孩子则在听觉方面得到了很好的开发，还有的孩子能够很好地在运动中发挥出自己的身体优势。近几年，学校里风靡着一种被叫作"手工操作训练"的课程，他们所遵循的原则非常正确，让孩子通过训练自己的眼睛、耳朵和双手来体会教科书里所传授的知识。借助于孩子对身体感官的兴趣而使他们更深入地了解物质事物十分重要，我们从这些学校所取得的成功经验中就可以看得出来。

当老师发现某个学生可以被列为视觉型时，就该知道哪些科目能够与之相匹配，帮助他更好地将这一感官优势发挥出来。比如说，他在学习地理这门课的时候，会更自如一些。如此一来，孩子就会在课上更多的使用眼睛，而不会把重心放在听力上，那么他所能取得的成绩就会更好。在此只是试举一例，主要是想说明，孩子有很多特别的地方值得留意，这在老师第一次进行观察的时候就能够发现了，像这样的发现还有很多。

总而言之，人们心中理想的老师，应该是那种肩负着神圣使命，能够承担起鼓舞人心之责的人。因为，这样的老师将手握人类的命运，孩子们的心灵也将由他们亲手锻造历练。

然而，只构建理想的教育是远远不够的，我们还需要把理想化作现实才行，可该如何过渡呢？我们必须找到实现理想的可行之道。本书的作者曾一度想在维也纳寻找答案，最终认为，应该在学校专门为孩子建立可以进行心理咨询及心理辅导的诊室[①]。

　　我们之所以倡导建立这样的诊室，是为了让现代心理学知识能够更好地为教育事业服务。诊室首先会在一个计划好了的日子里对老师开放，届时将会有一位优秀的心理学家出席，他既有丰富的心理学知识，又同时了解学校老师及孩子的父母的情况。开放当天，这位心理专家会在学校与老师们一起展开咨询事宜。活动一开始，先由老师们逐个说出自己所碰上的问题儿童，比如：自己班上有懒惰的学生、有违反课堂纪律的学生，或是有偷取其他同学财物的学生，等等。当他们依次把孩子们的具体情形讲完后，就由心理学家来发言，把自己的知识和经验传授给在场的老师们。接下来，便可以就问题进行探讨了，讨论的内容将涉及：问题出现的成因、从理论上讲述问题是如何发展演变成了如今的模样的，以及今后可以如何展开工作，等等。随后，再分析学生个人的心理发展情况及其家庭生活境况。最后，还要将大家的意

　　──────

　　① 此处可参看阿德勒及其助手所写的《儿童指导》一书，格林伯书局出版于纽约。书中详细记载了关于此类针对儿童咨询和辅导的诊所都经历了怎样的发展变化，以及心理学家们所采用的指导技巧和成果。——原注

见综合起来，使参与的老师们都能够切实明白，该做什么才能真正帮到孩子。

诊室的第二次咨询活动就可以让学生及其母亲参与进来了。在明确了用什么方式来跟孩子的母亲做工作之后，就可以进行咨询了。首先，与学生的母亲商谈，让她在谈话的过程中了解自己的孩子为什么会遇到困难；接下来，把时间让给她，了解妈妈是怎么讲述孩子的情况的；然后，孩子的母亲将跟心理学家一起探讨这个孩子的问题。通常，母亲会因为自己的孩子受到别人的关注而感到高兴，并乐于为了孩子去配合他人的工作。不过，要是某位母亲对此有抵触心理，不但不友好还显露出敌意的话，那就不要再针对她的孩子来说了。在这种情况下，老师或是心理学家，应以案例为主，说说别的有着类似问题的孩子的事情，等到她缓解了这种情绪后再说。

等到明确了用什么方式来说服教育学生之后，就到了让孩子进入诊室的时刻，这一回，老师、心理学家和孩子会共同参与进来。首先，心理学家要跟孩子搭上话，内容上并不涉及孩子的不足之处，以在班上正常讲课的方式让孩子自然投入其中，对他所碰上的难题客观地予以说明，其中还包括：形成问题的原因、是什么使他感觉受挫、心理学家的意见等方面。在这个过程中，心理学家的作用是帮助孩子厘清自己当前的心理状态，比如，为什么常有委屈的感受？为什么别人比自己更招人喜欢？为什么不再抱有成功的期望……

这样的咨询方式已经持续了大概有十五年的时间了，其中有不少参与训练的教师，都觉得很不错。对他们来说，既然喜欢做教育工作，并已经坚持了四年或是六年、八年的时间了，怎么能轻言放弃呢？

而对孩子们来说，也能从中获益，而且还是双份的。其一，本来有问题学生可以借此重新拾起勇气，并学到了要与他人合作；其二，没有参与心理咨询的学生，也能因此而获益。班里要是有哪个学生暴露出了之前所没有显现出来的问题，那么老师就会建议学生们都来讨论此事，在此过程中，老师自然会对议题有所引导，使每个参与进来的学生都能有机会表达出自己的意见。比方说，上课的时候，出现了个别几个懒散的学生，老师就可以借此让所有的学生来探讨一下这个问题。于是，学生们便会争相发表意见，说出为什么会出现这种情况，然后得出一个最终的结论。尽管那几个懒散的学生并不知道这个议题是针对自己的，但没有关系，他还是能在这个过程中收获不少对自己有益的东西。

通过前面所描述的内容，我们就知道心理学和教育联系在一起能发挥出怎样的作用了。事实上，人们只有了解了心理活动的运作原理，才能对心灵加以指导，而当一个人认识到心理活动及其运作的原理时，才能够把他的知识投入其中，让心灵得以被指引到更高的目标和更长远的目的地去。因此，心理学和教育其实源自同一个现实和同一个问题，只不过是现实和问题的两个方面罢了。

▲ 孩子刚进入学校即意味着进入了一个全新的环境，我们应留意孩子的言行举止，并以此来判断孩子的兴趣及合作能力等，不能用成绩去否定孩子，而是要努力帮助孩子适应学校的环境，让孩子取得进步。

/ 第十章 /

外在环境对儿童的影响

▼

▼

个体心理学对于人的心理及教育领域有着相当长远的眼光，绝不可能无视外部环境会影响儿童心理发展这件重要的事。在过去，注重内省类型的心理学所涉及的范畴相对狭隘，后来沃恩图认为，应该创建一门新的科学来补足内省类型的心理学所没有涉猎的那些内容，即创建社会心理学。不过，个体心理学却没必要在这个方向上努力，因为它本来就同时涉猎个体心理和社会心理这两个层面。也就是说，个体心理学不会在不考虑外境对心理的影响下，只专门研究个体心理，同时，也不会忽视某些特殊的心理对外部环境的独有感受，而只把目光定在研究外部环境对个体的影响上。

从事教育工作的人，包括老师，尽管对孩子的教育方面负有责任，但也不应该就认为，只有自己才能对孩子进行教育。因为孩子的心理始终受外部环境所影响，并直接或者间接的因而形成了其内在的心理。在这里，我们所指的间接外部环境影响是这样的：孩子的父母首先受到外部环境的刺激，而有了某一心态，而后，他们的这种心理状态又对孩子造成了一定的影响。这样的情况无法避免，因此，必须将之列入我们所考虑的范畴当中。

外部的经济环境对人的影响巨大，这是教育者必须首先要思考到的。比方说，有的人家祖祖辈辈都很贫穷，活得捉襟见肘、困苦不堪。一直以来都生活在哀怨的心情下，因此在这种情况下，就不能让孩子建立起健康的心态，也无法帮助他们培养协同心。困苦的经济生活压得他们心里沉甸甸的，如此惶恐度日，又怎么可能生成与人合作的健康心态呢？

除此之外，还有一点是我们必须牢记的：不管是孩子，还是他们的父母，倘若在相当长的时间里，都生活在没有充足食物的环境里，或是经济状况异常拮据的话，那么势必会给他们带来生理上的影响，而这在一定程度上，又会影响他们的心理健康。在战后出生的孩子身上就有这样的情况，他们由于受到战乱的影响，成长得就要比上一代人艰难多了。

如此，儿童一方面生活在经济的影响下，一方面又在成长发展上受其左右。而除此之外，要是父母对生理卫生方面的知识一无所知的话，就会变得怕羞，以及由于自己什么都不知道，所以反倒会更宠溺孩子，怕他们会吃苦受罪，而这同样会影响到孩子的心理成长。然而，父母在宠溺孩子的同时，却往往会忽略很多问题。比方说，自以为像脊柱弯曲这样的毛病会随着时间的推进而有所改善，等孩子大点了也就好了，因此，没有把握好治愈孩子的好时机。不及时就诊自然是因为无知惹的祸，特别是在大城市里，怎么可能在医疗服务上没有相应的设施呢？身体出了问题，却不及时去看，那就很容易发展成恶性病，甚至带来生命危险，当孩子病情严重时，自然就埋下心理阴影。对孩子来说，疾病会是他心里的一道"坎"，会使他在心理上烙下"病根"，所以说，平日里就应该尽可能地预防孩子得病。

孩子难免会碰上点病痛，我们采取的应对之策就应该围绕着：帮助孩子建立起信心去面对疾病，以及帮助他们提升自身的社会情感。其实，正是因为孩子的社会情感不足，才会导致心理上被疾病所影响。一个患病的孩子若是感到自己是与身边的人紧紧地联系在一起的话，就不至于受到很大的心理创伤，不会像那些被宠溺坏了的孩子那样，深陷病痛的折磨之中。

我们有不少此类个案，而这些案例均显示出：孩子若是得过百日咳、脑炎等疾病，一般都会出现心理问题。或许人们会觉得，孩子之所以会出现心理问题，是因为身体患病的缘故，而实际的情况却并非如此。其实，孩子早在身体患病之前，就已经存在着某种性格上的缺憾了，只是一直隐而未发罢了，直到身体患病才显露了出来。也就是说，孩子在得病的那段时间里，发现家人都会围着他转，于是便感受到自己享有一定的权利，可以摆布他人。当他看见父母脸上表露出担心和害怕的神情时，就知道，这一切都源自于他。所以，等到身体恢复之后，他还是想得到大家的关注和照顾，所以，变着法地还想控制自己的父母。这自然更多地发生在那些情感培训不足的孩子身上，因为他们基本上不会错过任何表现自我的机会。

不过，孩子往往会因疾病而在性格上有很大的转变，这很有意思。有一个老师在这方面提供了一个很好的案例，是发生在他第二个孩子身上的事情。他曾非常担心自己的这个孩子，却又无可奈何。这个儿子在班上是成绩最差的学生，还隔三岔五就离家出走。有一天，孩子的父亲准备将他送进改造所，结果发现，孩子得了忧郁性的肺结核。这种病必须通过父母的长期精心照料才能够康复。所以，在小孩得病期间，父母对他格外关照，而这正是孩子所需要的，结果，当他病好后，就成了家中最听话的孩子。先前之所以制造种种事端，是因为哥哥的缘故，这孩子觉得自己老是活在他的阴影里，而哥哥一直都很受家里人的喜爱，所以就不免想跟哥哥斗争到底。不过，这次的疾病使他明白，家里人对他和他的哥哥都很喜欢，因此，也就开始懂得用自己好的表现来获得父母的关爱了。

不过，我们仍须注意，当孩子有过患病经历之后，就会深深将它留在记忆深处，他们会被那些有生命危险的疾病吓到，而死亡一样会震动他们。对于疾病的印象会烙印在他们的灵魂深处，到了日后才有可能显现出来。就像我们所看到的那样，很多人因此而喜欢研究疾病和死亡，其中有些人还找到了一种可以把兴趣发挥出来的好方式，那就是成为医生或护士。不过，这只是一部分人，多数的人则会因此而惶惶不安，脑海中总是闪现着疾病的影像，很难安于自己所做的工作。我们调查了近百名女孩子，从她们的经历中发现，有近一半的人承认自己最害怕的事情，就是在生活中经历疾病或是死亡。

孩子容易受到来自童年时期患病经历的影响，对此，父母应予以关注，尽可能地避免发生此类情况，要多告诉孩子一些有关疾病方面的知识，提早让孩子做好心理准备。如此一来，当他们突然要面对疾病时，就能有所防范了。在此，父母应使孩子有意识的朝着这样的方向去想，即人的生命固然有限，但生活得有意义，才是最重要的。

对孩子来说，在生活中还会遇上另一道"坎"，那就是与陌生人的接触问题。在与这些人交流的过程中，往往会让孩子产生误解，他们通常爱跟孩子闹着玩，但对孩子本身却没有多大的兴致，往往只是想在一小段时间里让孩子喜欢上他们。所以，为了博得孩子的喜爱，这些人就会过度的奉承孩子，而孩子却会因此而觉得自己很了不起。由于他们无法跟孩子有长时间的接触，所以会充分利用短暂的时间来宠溺孩子，然而这却给真正负责教育孩子的人带来了不小的麻烦，因此，要尽可能避免让陌生人或是亲戚朋友这么做，不能让他们妨碍到父母正常管教孩子。

此外，还有一件事要尽可能规避，那就是陌生人在初次见到孩子的时候，往往会在性别上弄错。比如，会用"好看的女娃娃"来形容男孩子，或是用错形容词来描述女孩子。至于规避的理由，我们会在有关青春期儿童的那一章里进行探讨。

家庭环境对孩子的影响自然非常重要，孩子会通过家庭生活情况来了解人们相互间是如何合作的，这是他们首先产生印象的来源，也就是说，孩子会借家庭环境来了解其参与社会的程度如何。孩子若是生活在一个封闭的家庭，那么从小到大的环境就是不怎么与外界接触，当他长大后，就会把家人和外人清晰地分隔开来。对他们来说，家是家，外界是外界，它们之间是泾渭分明的，需要分别对待。于是，我们就自然能够看到，这些孩子对外界是抱有敌意的了。不与外界接触的家庭环境，是不会与社会有什么发展性的关系的，这使得孩子也受其影响，变得很难相信他人。如此一来，当他们不得不与人接触时，就会只专注于自身利益，那么这样的孩子又如何能被培养成可与他人建立起社会情感的人呢？

孩子一般长到三岁的时候，就可以让他与别的孩子在一起玩了，通过玩耍可以使其不怕与陌生人接触，不然等孩子大一些了，就会在与人接触时，感到拘谨、担忧和脸红，并且还可能过于关注自己的言行，变得敏感起来，对别人也容易产生敌意。这常常会发生在那些被宠溺的孩子身上，他们被惯坏了，老想去排挤别的孩子。

父母要是能早一点儿注意到孩子有没有此类特征，就可以及早进行处理，而不至于等到将来还得费心矫正。父母在孩子三四岁的时候就应该安排他们和别的孩子一起玩耍，让他有机会参与集体活动，那他就不会产生害羞和过于关注自己的性格特质，也不至于形成精神问题或是神经官能症了。只有那些孤僻、不爱与他人接触的孩子才会如此，他们往往做不到和其他人相配合，也根本没有这个兴趣。

说起家庭环境对孩子的影响，就不能不将这个话题转移到家庭经济情况的问题上来，因为，家庭经济情况发生变化，同样会阻碍孩子的成长。一个家庭，倘若原本很富裕，可后来却变得糟糕起来，那么孩子的处境自然就跟着有变化了，特别是孩子还年幼的时候就经历这种事。对于那些一向在家里被宠着惯着的孩子来说，是很难应对这样的变故的，因为过去他根本想不到会发生这样的事，完全没有心理准备。在过去，人们都会关注他，可如今却不是了，这在他而言，会深感怅惋，并总是回想往昔的那种优越生活。

要是一个家庭的经济条件突然转好，由贫穷一下子变得富有起来的话，也一样会给孩子的成长带来阻碍。首先，父母就不清楚该如何妥善安排多余的财富，所以很可能将之错用在孩子身上。

条件改善了，父母就自然想要让孩子也过上更好的生活，开始纵容自己的孩子。他们认为，如今已经富裕了也就不用再抠抠索索的了，于是就尽可能地满足孩子，结果，往往会使子女最终成为问题儿童。

其实，上面所谈及的困境和由此带来的不良影响是可以避免的，我们要是适当地培养孩子进行合作精神及协作能力的话，就可以做到。而上面所说的外部环境对孩子的影响，之所以带来了如此多的问题，就是因为孩子们可以通过这些环境逃避与他人合作的机会，从而无法培养起合作精神。对此，需要引起我们的注意。

像短期内经济条件变化巨大的家庭环境，会使得孩子们因为境遇的变化而受到心理影响。此外，随着境遇的改变，还会带来异样的氛围——由于一个家庭出现了问题，而使别人在看待这个家庭的时候也有了转变，而这种氛围同样会给孩子的心理成长带来不利影响。这种情况一般是由于家中的某个成员做了什么事情，才导致别人产生偏见和鄙视。比如说，父母做了在社会上不被认可的事情，给家里丢脸了，那么孩子就会在这样的情况下备受打击，不想跟同伴有接触，担心人家认出自己的父母，认出自己是这种父母的小孩，同时，在往后的生活中，也总是被不安和恐惧的心理阴影所笼罩。

父母对孩子的责任不止体现在教会他们读书、写字和算术上，还要在心理上帮助孩子做好一定的准备，使他们将来能够成长得

176

更顺利，遇到的困境也相对少一些。所以，倘若孩子的父亲酗酒成性，或是个暴脾气的话，就该认识到，自己的行为会影响孩子的成长。倘若孩子的父母的婚姻生活过得并不理想，夫妻之间总是争吵不休的话，那么受伤最重的往往就是孩子。

有此经历的孩子会一直忘不了自己所经历过的日子，很难轻易释怀。不过，等到他们学会了如何与别人配合，就可以不再受这些记忆的影响了。然而，一旦孩子碰上了此类境况，恰好又是其学习这种能力的最大阻碍。近几年，有越来越多的咨询室在学校成立了，或许这正是缘于社会上有这类问题频频发生。也就是说，父母要是出于一些原因而没能尽职尽责地教育孩子时，那么这项工作就可以托付给受过儿童心理训练的专职老师，他们会把孩子引上一条健康的心理成长之路。

人们会对什么人产生偏见，不仅仅是由于他人的某种状况，还会因为他所处的国籍、种族和信仰等因素的影响。为此，孩子会因偏见而受到影响，此外，这样的偏见还会波及他人，就连侮辱他人的人本身也是如此。这样的人会因自己的偏见而变得自大起来，以傲慢的心态为人处世，认为自己与其他人处在不同的层次里，显然更为优越，这样，就会给自己设定一些目标，好使自己过得更像他所理解的那样，而最终等待他们的却只有失败。

之所以会发生战争，往往源自民族问题和种族之争，为了避免人类的文明遭到冲击，因战火而停下前进的步伐，就要摒除这两个罪魁祸首。在这一点上，老师有责任告诉孩子战争真实的一面是什么，而不是光讲那些刀光剑影的事，不然孩子们就会钻空子，反倒通过摆弄刀剑这样便利而廉价的形式来寻求获得优越感的机会。这么做是不可能为孩子打下良好的生活基础的。有的孩子成人后选择过军旅生活，这往往是由于小时候接受过这方面的训练，可其他孩子就不一样了，他们在童年时期总是玩那些相互打斗的战争类游戏，所以在成人之后，往往心理会落下毛病。比如，好与人斗勇拼狠，怎么也学不来与他人的相处之道。

到了像圣诞节这样的节日，父母往往都会给孩子买玩具，这时候，家长应慎重起见，不要给孩子买武器类的玩具，比如刀、枪等。此外，也要尽可能避免送给孩子有关颂扬战斗英雄或战斗事迹之类的图书。

在给孩子选择什么样的玩具的问题上，其实还有很多可以说的，但在这里就不赘述了，只在原则上加以说明。最为合适的玩具，应该是那些能够使孩子在玩耍中激发出创造力的玩具，或是可以对孩子的合作精神有所启迪的玩具。试想，给孩子布娃娃或是玩具狗这种现成的玩具来玩，哪有费力思考、亲自动手做出来的游戏好玩呢？对孩子来说，后者也更有意义。在这里要顺带一提的是，我们应该让孩子知道，动物是人类的朋友，而不是可供他们玩耍的玩具。在教育孩子的时候，一方面应教导孩子不用害怕小动物，另一方面则应该告诉它们，不能随意差遣动物或是虐待它们。孩子要是对动物施虐，或许内心里是想控制弱小的人，又或是想要欺负它们。一个家庭要是养了像小鸟、小狗，或是猫之类的动物的话，家长就应该让孩子知道，家里养的小动物和人一样能够感知到痛苦。让孩子学会和动物相处，对他今后在社会上与他人合作是有很大益处的，可视为一种必要的准备。

在孩子平日的生活里，跟亲戚打交道也是在所难免的。最先与孩子建立关系的恐怕就是祖父母了。对于祖父母在当下社会的境遇及命途，我们当客观地加以审视。当前，他们确实处境堪忧。人们本来应该由于年岁的增长而有更多拓展和充实自己的机会，也应该在更大的空间里发挥作用，让自己对更多有意思的事情感兴趣。可如今的社会情况却并不容许人们这样做。相反地，富有经验和能力的老人却被人们冷落一旁，弃之不用，这太可惜了。其实，对于老年人来说，能做的事情还有很多，要是社会能够提供更多的工作机会，让他们能够追求自己的理想的话，他们肯定会感到十分幸福。那些六十岁、七十岁，甚至到八十的老人，是不应该丧失工作机会，早早就退休在家的，毕竟让一个人继续待在自己的工作岗位上为自己的事业而努力，要比自此改变为另一种生活方式简单多了。可我们的社会就是如此，会错误地让人在还有能力可以充满干劲地努力时，就将之弃而不用了。于是，这些人也就无法再有什么机会表现自己了。结果会如何呢？老人会把这种错误延续到自己的孙辈身上。由于身处这样的境遇，他们便想要在生活中证明自己还有着旺盛的生命力，还能发挥余热，而他们其实没有必要证明什么。结果，他们用溺爱孩子、过度呵护孩子来加以证明，继而以这种方式来教育孩子，好让其他人看到，他们仍旧知道如何去养育自己孩子的孩子。

老人家自然是一番好意，我们不应该伤了他们的心，而且他们也理应有机会得到更大的活动空间，不过，在教育孩子方面，我们还是应该让老人明白，孩子需要作为独立的个体生活，直至长大成人，老人不应把孩子当作"宠物"，更不应卷入家里的争论中去。要是老人与孩子的父母之间产生了问题，那么他们尽可以争论一番，可在这种时候，老人不应该把孩子也牵扯进去，作为自己的"帮手"反过来对抗孩子的父母。

在我们研究个案时，发现那些心理有问题的人都在童年时期被祖父母宠爱有加。如此，我们就可以立马判断出，祖父母的宠爱是有碍于他们的成长发展的。老人过于惯着孩子就势必会带来两种影响：一种是孩子被放任不管，为所欲为；另一种是孩子受老人的指点，爱争强好胜与同伴比个高下，并且还容易嫉妒别人。不少孩子都会自己告诉自己："我爷爷最爱我了！"于是，倘若别人不这么爱他，就会觉得很委屈，很受伤。

除了祖父母的影响，孩子还会受到来自于表兄弟和表姊妹的影响，不少孩子都深受其扰。这些兄弟姊妹有时候还不单单是人很优秀，就连长相也很不错。所以，孩子在听到他人说起自己的亲戚时，总能听到他们长得真好看之类的话，心里难免就烦恼起来，我们能够想象到会是怎样的画面。倘若听到这话的孩子有足够的自信，或是有自己的社会认知的话，那么就能理解所谓的"好得不得了"的含义，知道他其实指的是某个孩子所接受的训练非常到位，并且是他本身也准备好了的缘故。如此一来，孩子就会去思考该怎样去努力追赶。可相反地，倘若孩子认为，这是先天带来的，是老天早就把聪明和美丽的外貌安排给了那个亲戚的话，那他就会妄自菲薄，觉得老天太不公道了。其结果就是，他始终都无法正常成长，受其阻碍。在我们所处的文明里，社会将一个人的外表美丑往往看得很重，将其"价值"放大了不少。其实，一个人长得好看确实也存在着一定的价值——自然得来的美貌。要是孩子会因自己在外表上比不上别人就感到难过的话，那他的生活方式就会受到影响并产生偏差。有的人甚至在二十年之后还能清晰地回忆起，在他小的时候曾经对长得俊朗的表兄弟有过向往之心，很羡慕他。

遇到这种情况时，我们应该通过教育来帮助他摆脱由外表去定义人所产生的这种心理伤害，告诉孩子，比外在美更重要的是健康的身心及与人交往的能力。确实，我们都希望自己长得漂亮、俊美一些，毋庸置疑，长得美丽总比丑陋要好得多，也的确有一定的价值，可无论什么事物，都应该被合理地加以安排，没有什么价值是与其他价值割裂来看的，而且，还被当作是最高的价值取向。对于外表，我们应该实事求是地来看。若是一个人只有外在美，并不等于就能过上理想的幸福生活，能够理性的去过自己想要的生活。对此，我们可以通过事实案例加以说明：在那些为非作歹的孩子之中，可不全是长相难看之人，有不少俊朗的孩子也一样会胡作非为。这些表面上看起来仪表堂堂的孩子何以会步入犯罪之途呢？其实，这很好理解。他们自觉拥有姣好的容貌就会让别人都喜欢上自己，于是就可以不靠双手靠长相获取利益了。因此，他们往往没有为自己的人生做好充分的准备。继而，随着年岁的增长，他们开始意识到，碰到了难题还是得靠自己的努力才能获得，结果，他们便选择走最简单的捷径，也就是像诗人维吉尔曾说过的那样：前往地狱的路最简单方便……

孩子应该选择哪种类型的书来读呢？该如何解读童话故事？类似《圣经》的读物，我们该如何去理解和阅览呢？下面，我们就来简单说一下。我们在让孩子读书的时候，往往会忘了孩子们和大人在理解事物的方式上有着极大的区别，他们是按照自己特有的主观意识来掌握的。倘若一个孩子生来就很害羞，那么在阅读童话的时候，就会专门侧重于赞扬他这类性格特质的部分，长大以后也一样还是个胆小又腼腆的孩子。我们在给孩子阅读此类书籍时，应对其中的段落加以解说，或用总结的话来概括说明。如此一来，才能让孩子明白故事本身在讲述什么，不然的话，他们只能从书籍中看到自己主观臆断出来的事物。

每个孩子最喜欢的当然就是神话故事了，其实连成年人也喜欢，人们不论大小都可以从中获益。不过，有一点是我们特别需要留意的，那就是，作品中所记述的内容在年代上和发生的地点上，均与我们如今所处的情况不同，是作者写作时所指定的写作背景，但这一点孩子们一般是不清楚的，他们不了解所处时代不同就会造成文化上的差异。也就是说，孩子们所读到的故事，写的是与其生活时代全然不同的那段时期里发生的故事，可他们却不会想到自己在阅读它们的时候，新的世界观早已生成，早就不是书里所展现的那样了。比如说，一般在童故事里，王子是必不可少的角色，人们总是对其大加赞赏并美化这个人物，而且，还用各种引人入胜的笔法将其描绘成一个光芒闪耀又极富魅力的人。当然，这样的人物在现实中是不存在的，但在某个时代，却需要通过文学来虚构出一个理想而美好的人物，以此来表达对君主的崇拜，在这样的时代背景下产出这样的作品，自然是恰当的。而今天再让孩子们阅读时，我们就应该告诉孩子这些事情，让他们明白，是作者杜撰了这么个传奇的故事，并不是真的。不然的话，等孩子们长大了，就会老想着如何寻找到一条无需努力便可成功的捷径。举例来说，这与发生在十二岁男孩身上的情况类似。当别人问及将来想当什么的时候，他答道："懂得法术的魔法师。"因此，我们有必要在给孩子讲童话故事的时候加上适当的评语，这样，他们就可以通过此类书籍培养出合作精神，并借此打开自己的视野的。

接下来，说一说电影。不满周岁的孩子若与家长一同观影，是不成问题的，然而，对于大点的孩子来说，就容易被电影放映的内容所误导了，甚至还包括某些童话剧，也容易令孩子产生误解。有一个四岁的儿童看了一场剧院里播放的童话剧，结果很多年之后仍旧认为，在这个世界上真的存在卖毒苹果的女人。对于剧中所阐述的主体，不少孩子是无法正当把握的，又或者，他们会在看过之后匆忙而笼统加以概括，因此，在这种情况下，父母应当为孩子解释明白，使其能够正确地理解自己所看到的东西。

报纸是专为成人设计的读物，是以成人的视角来阐述观点的，并不适合于儿童阅读，因此，我们应尽可能避免让孩子接触到它，让他们远离这种外在的影响。不过，有的地方会出版针对孩子阅读的那种儿童报纸，这是适宜的。对于那些尚未准备好迎接生活的孩子，一般市面上的那些报纸，只会令其对生活产生偏见，孩子看过后，会相信在生活中满是罪孽——谋杀、犯罪、天灾和人祸。倘若孩子年龄幼小，看到报纸上报道的有关灾祸、犯罪的事情时，就会感到伤心失望。我们从成年人那里了解到，他们在小时候非常担心会引发火灾的事，而年幼时的这种恐惧心理直到长大后也还是得不到改善，久久地萦绕在他们的脑海之中。

上面所提到的例子和内容，只是对孩子产生影响的外力中的一小部分，但同时又是最为要紧的部分，能够说明关于外部环境作用于孩子这个问题的大致原理，父母及教师应在教育孩子的过程中对这些外部环境带来的影响加以考虑。在这里，最重要的就是社会情感和勇气，所以，心理学家一定要耐着性子不断地重申这两个概念。而所有上述问题，也确实能够通过这两点加以解决。

▲ 父母对孩子的责任不仅仅是教会孩子读书写字，还要帮孩子建立起社会情感和勇气，同时要注意会对孩子产生影响的外力，方能使孩子成长得顺利一些，遇到的困境少一些。

/第十一章/

青春期及儿童的性教育

▼

▼

有关青春期的话题的确非常重要，如今市面上充斥着大量此类书籍，然而，其重要性与通常人们所理解的并不在同一个层次上。每个处在青春期的孩子都会有不同的表现，他们有的勤奋进取，有的言行笨拙，有的把自己收拾得利利索索，而有的却邋邋遢遢……此外，从一些成年人的身上，我们同样能够看到这些表现，就像他们还处在青春期似的。从个体心理学来看，这种现象没什么好奇怪的，这些成年人不过是停止在其成长的某一阶段罢了。其实，从个体心理学角度出发，每个人的成长发育过程，都必然要经历青春期阶段，而任何成长阶段，或是任何处境，都不足以将一个人全然改变。不过我们相信，青春期对人们来说无异于是一个新的境遇，能够测试出一个人的成长情况，因为，人们会通过这个时期，表露出过去所形成的一些隐而未见的性格。

比方说，要是孩子在青春期前家里一直都管得很严，那么他就没有机会感受自己有多少力量，也无法将自己真实的情感表达出来。直到他步入了青春期，在身体和心理上都急速发展后，就开始有了新的表现，仿佛是脱去了过去紧缚在身的锁链。在这一阶段，他会很快长成大人，其人格发展也会稳步向前迈进。相反地，有些孩子在这一阶段却停止了发展，开始留恋过去的生活，由此，也就无法寻找到该如何继续发展的方向了。这些孩子会表现得内向起来，似乎不再对生活抱有什么兴致。而在这样的情况下，他们就无法在青春期这一阶段里，发泄出过去所受到的来自于自身力量的压抑了。这种情形反应出孩子在过去一定是被父母极尽宠爱，所以并没有准备好应付将来的生活，没有在这方面被训练得足够充足。

青春期要比儿童期更接近成人，所以，我们在这一时期更能够看出一个人的生活方式是怎样的，要比过去任何时候看得都清楚。表现为：他对于科学的态度、对他人的态度（是不是友善），以及他能不能与别人和平相处和对社会的态度，还有，他有没有兴趣去了解别人等方面。

孩子有时会夸张地表达自己对社会和别人的兴趣，在青春期的孩子把握不好这方面的分寸，只一门心思地通过牺牲自己来表达对别人和社会的善意，而以这样的方式来调整自己服务社会自然是失衡的，不利于一个孩子的正常发展。我们都清楚，要是一个人真心实意地对别人感兴趣，从而以想做点有益于社会和他人的事为目标的话，那他首先得准备好自己，得有能力这么做，当然，前提是他所做的事确实是有意义的。

不过，在十四至二十岁这个年龄段的人，往往不太清楚如何跟社会及他人建立稳固的交往模式。他们大多从十四岁起就毕业离校开始从业，如此一来，也就联系不上那些老同学了。他们必须花费一段不短的时间与他人搭建起新的关系，因此，在一段时期里，他们觉得自己孤立无助。

其次，再让我们来看看工作方面的问题。当一个人开始工作的时候，他原本由其自身决定的生活方式就会显露无遗。有的年轻人一旦投入工作生活，就会变得独立起来，把自己的工作做得非常好，并在这个过程中健康地继续发展。然而有些人，却永远停留在青春期里。似乎没有一份工作是适合他的，于是就不停地寻找，不停地来回换，不是不断地找工作，就是不断地换学校，或是通过其他途径来改变自身的处境。还有的人干脆什么都不做，连工作也不愿意去找。

问题并不是因为人们步入了青春期，而是人们到了这个时候，才把那些过去就已经酿成的问题表露出来罢了。倘若我们真的了解孩子，就可以提前预知他到了这个阶段将将可能出现什么表现，也许会比以往更独立自主，更愿意表达自我，因为过去他更多的是处在他人的监管和看护下成长的。

接下来，就该开始探讨第三个问题了，涉及人的爱情与婚姻。通常处在青春期的孩子会有怎样的人格表现呢？答案往往就藏在他们回答里。就性格而言，青春期只是延续了一个人往昔的性格特点，并不是改变了什么。孩子到了这一时期，心理活动会更加活跃，有些感觉也会更加强烈，因此，较之过去，如今能够更为清晰、果断地来回答这个问题。对于爱情和婚姻，有些青少年很清楚自己碰上之后将会有何种表现。有些人会浪漫地谈论关于爱情这一问题，或者在回答的时候信心满满。不管怎么说，这类年轻人已经形成了对异性的一套属于自己的行为准则。

　　相反地，有些年轻人就不会像如上所说的孩子那样，在性格方面发展正常，而是向极端迈进了，他们羞于回答有关异性的问题，并在这个问题上表现异常。一旦在生活中遇到或接近这一问题的实际情况时，就能清晰地看出他们尚未准备好。通过观察个体在青春期的人格表现，就能对其未来的生活行为做出可靠的评估。要想改变孩子未来的命运，就得在这个阶段里进行观察，做到心中有数，知道该怎么去做。

　　一个处于青春期的孩子若是拒绝谈论异性，那我们就可以从他以往的生活里看出端倪。过去，想必他是那种好与人分高下的孩子。他为其他孩子能够得到宠爱而感到压抑。结果，他如今认为自己必须勇敢地站出来，以冷傲的样子去排斥所有关于情感上的事，所以，他今日的态度反映的是小时候的经历。

这一时期的孩子常常想远离自己的家庭，这或许是他们从未对家里的情况感到满意的缘故。如今，他已经长大，希望能有机会真正离家，不再跟家人有什么联系。财力上，若是父母继续供应一些，对大家都好，可这时候的孩子或许对这方面也有了排斥。然而，倘若孩子因经济问题而出了什么事，他就有借口不承担失败的结果了，因为，他认为是父母的问题。

还有一些始终没有离开过家的孩子也一样会有这样的心理，只要有机会，他们就希望能够在外面过夜，但在表现上却不那么明显。不管怎么说，晚上能出去玩玩，也总比在家待着要有趣太多了。当孩子有了这些举动，就表示他在无声地抗拒着自己的家庭，为自己的不自由对父母默默地加以控诉。这是由于过去被父母管得太多太严了，都没什么机会去发现自己的问题，也无法表达自己的想法。对于这类孩子来说，步入青春期就很可能往这方面发展了，这是十分危险的阶段。

当孩子处在青春期时，会觉得别人不像过去那样看重他了。在学校，他们也许一直都是好学生，老师对他们格外欣赏，然而，当他们不得不一下子转到新的学校，或走进未知的社会环境中去，又或者，得开始在新的职业领域发展时，我们都清楚过去一向都表现得很好的孩子，也不一定就能在青春期阶段保持住，包括最优秀的那些。他们看上去仿佛是在某方面变了，然而事实上，一切都未曾改变，只不过他们在过去的环境里，还没有真正暴露出自己性格原本的样子罢了，而新的环境恰恰使其显露无遗。

　　从上述所说的事情我们就好明白了，帮助孩子度过青春期里可能遇到的麻烦事，最好的方式就是培养孩子建立起与他人的友谊，让孩子和孩子之间能够变成好朋友。同样，对于家里的成员也是如此，也同样适用于孩子所遇到的其他人。在家里，不论是孩子，还是父母，彼此之间都应该对对方有足够的信任。而对老师而言，也应该对孩子有足够的信任。在实际的生活中，只有那些一直都理解和同情孩子的父母和老师，才能在这个阶段仍旧与其保持同伴关系，并一如既往地给予贴心的照顾和指导，而孩子也乐于接受，这样的老师和父母才能发挥出在此阶段指导孩子的作用。相反地，那些做不到这一点的父母和老师，孩子是不会去信任他们的，不仅如此，还可能会对他们视而不见，甚至抱有敌意，这样，不管他们如何指导孩子都没有用，孩子根本就听不进去。

　　有些女孩到了青春期会开始模仿男孩，表现出对自己的性别的不满。她们关注的往往不是好的方面，而是男生在青春期里所表露出的一些坏行为：抽烟、喝酒、拉帮结派，等等，毕竟效仿这些行为，比学习他们的那种努力工作的劲头要简单容易得多。此外，她们还会给自己找理由，说不这么做就不能吸引男孩，让他们对自己产生兴趣。

　　对这样的女孩详加分析的话，就能够发现，她们这是在对男性表示抗议。其实，从很早以前，她们就开始不满于自己的性别角色了，只是一直以来都隐而未发罢了。所以说，观察处在青春期女孩的行为至关重要，若非如此，我们就看不到她们将来会怎么看待自己的性别角色了。

至于男孩，到了青春期也是表现不一，他们有的想为自己树立一个具有远见卓识、勇敢无畏，且信心十足的大男人形象。而有的男孩，则没有足够的信心成为自己想要成为的那种强悍而完美的男人，总担心自己会碰上什么难题。到了这一时期，倘若他们没有为自己的性别角色做好准备，在教育和培养时出了问题的话，就会慢慢暴露出来了。我们可以看到，这类孩子身上的"脂粉味"不小，看上去就像个女孩子，有的甚至还会学一些女孩才有的坏毛病。

与女性气息浓一些的男孩子相反，有的男孩子则朝着另一极端发展，他们更善于模仿那些明显是男人才会有的特征，并且能够对此驾轻就熟，不过，在模仿的过程中也常会做过头，也就是往极端化方向发展了，做出些荒唐事来。比如，学的都是些喝酒、纵欲的事，甚至有的男孩还会为了显示自己看上去有男子气概，不惜触犯法律以达到目的。这些恶劣的行径多发生在那些一心追求自身优越感的男孩身上，他们希望通过做出一些叫人惊讶的事来证明自己确实很棒，并想成为能够领导他人的人。

这类年轻人尽管表面上看起来什么都不怕，而且充满了野心，但其实他们都很胆怯，只是人们没有看到罢了。在美国，最近就有这样的案例，无一不是恶名远播，通过考察哈尔、利奥波特和罗伯的生活轨迹不难发现，这类人所希望的是过上一种简单又不费力的生活，所以老是想轻轻松松就取得成功，他们是空想派，却又勇气不足，而往往那些为非作歹的人就是内心缺少勇气，外在却表现得很有行动力，他们能够恰好将此二者结合起来。

孩子在青春期之前，是不会对自己的父母动手的，然而到了这一时期，往往会开始动手。人们因为看不到孩子行为背后所暗含的人格系统，所以误以为是孩子变了，可事实上，研究孩子殴打父母前的一些事情就会清晰地了解到，孩子的性格并没有什么变化，只不过过去没有这个能力实现罢了，如今，这随时可能发生。

另外，还有一点值得我们格外留意，那就是，处在青春期里的孩子都会迎来一个考验，即证明自己已经不再是小孩子了。年轻人有这样的想法，是非常危险的。我们都知道，人在感觉自己需要去证明什么的时候，往往就会做出出格的事，或是远远地偏离自己原本所要证明的东西，在青春期年轻人恰恰就容易这样。

对于处在青春期的孩子来说，确实很容易犯上述毛病。我们应向他们做出解释来解决这一问题，让他们明白：不用刻意证明自己已经不是小孩子，人们都会相信他们已经长大了。这样的话，也许就可以避免使孩子出现如上提到的那些错误行为了。

在对待异性的问题上，有一种类型的女孩在行动上会比较夸张，表现得对男孩很"痴迷"的模样。她们会有意逆反，跟自己的母亲过不去。对她们来说，总觉得自己被家长管束太紧，当然，或许事实却是如此，这样的女孩很容易跟其他能够接触到的男孩纠缠不清。有些女孩因一时生母亲的气，或是不满于父亲严厉的管教而选择离家出走，然后与异性发生初次性关系。

这极具讽刺性，父母正是出于让孩子更乖的目的而全方面地进行管束，然而，却使孩子反倒变坏了。这是因为，父母缺乏对孩子进行心理上的观察和洞见。在这种情形下，孩子并没有错，而是父母出了问题，没有及早帮助女儿为适应新的环境打下基础。一直以来，女儿一直在他们的呵护下成长，没有机会接受独立能力的训练，父母也没有帮助她们建立起相应的判断力，所以，当青春期到来的时候，就不免掉进了这一时期容易出现的陷阱里。

女孩也不总是在青春期里遇到困难或挫折，有时会延后出现，也就是说，等到她们步入婚姻的时候才会显现出来。不过，道理上是一样的，她们不过是在青春期的时候，有幸避过了那些逆境。不过，这种情况始终还是会发生的，所以，非常有必要提前把功夫做到位。

关于女孩子在青春期可能出现的问题，现在举一实例来加以说明。有一个女孩，家里十分贫困，他的哥哥从小就体弱多病，因此妈妈常常需要对其加以照顾。于是，这个女孩在很小的时候就留意到，妈妈在对待哥哥和她的时候，是有区别的。而她的父亲也没有在其年幼的时候给予足够的关爱，她一出生，父亲就病了，自然令她的处境更为不幸，如此一来，母亲就得同时操心自己的爱人和儿子。在这个过程中，女孩亲眼看到了妈妈是如何关爱和照料父亲和哥哥的，于是心里自然非常渴望也能获得别人的关爱和赞扬，可这在家里是难以实现的，特别是后来又发生了一些事情。没过多久，家里又多了个小妹妹，她本就没有从父母那里得到多少关爱和照料，而妹妹的出生就更抢占了这为数不多的温暖。仿佛是命运的安排，恰巧父亲在妹妹出生后就康复了，如此一来，妹妹反倒比她小时候得到的关爱更多，这全都被她看在眼里。女孩在家得不到家人的关爱和关注，于是，就转而努力在学校把成绩搞好，结果，她确实成了班上最好的学生。鉴于她优秀的表现，学校希望她能够接着在中学里好好学习，然而，换了新的环境，她的情况就发生了转变。中学里的新老师并不清楚她过去学得如何，也不像以往的老师那样，对她大为赞赏，因此，她也就不像原先那样刻苦用功了。不过，她想要被人赞赏的心理并没有变，此时，会变得更为强烈，于是，她开始向外寻求，与一个男人开始过上了同居生活。两周后，男人变了心，对她感到厌烦了，而随后发生的事，也是可以预见的，她势必会认为，她所要的赞赏绝不是这样。另一方面，家人到处都在寻找她，整天担惊受怕的。后来，她的父母收到了她的来信，上面写着："我已经服毒了，你们再也不用为我担心了，我现在很幸福。"显然，在她付出努力去追求自己想要的幸福和赞扬以失败告终后，必然会产生自杀的念头，想要一了百了。可事实上，她根本没有自寻死路，只是想以此来吓唬一下家里人，好让他们原谅自己，她也并没有回家，只是接着在街上晃荡。最终，母亲找到了她，把她带回了家里。

这个女孩子并不清楚，自己的生活已经被渴望他人的称赞所填满了，倘若能够让她明白到这一点，或许这一切也就可以避免了。同样地，她的中学老师也并不清楚自己的这个学生一直都在课业方面非常优秀，其实只须给她一定的表扬就能满足她。假使这位老师能够意识到这一点，那事情也不会演变成如今这样的结果。所以说，在女孩身上所发生的一系列事情，如果能在过程中的某一环节里得到恰当的处理，或许她也就不用经历这种种逆境了。

通过这个例子，我们也就进入了教育孩子有关性的问题上了。人们近年来对这个话题有些夸大其词，甚至到了可怕的程度。有不少人在面对性教育问题时不能够冷静处置，甚至会失去理智。他们希望能够在各年龄层的孩子中都进行性方面的普及教育，并将孩子们在这一点上的无知及其危害最大化。然而，就我们的观察而言，不管是我们的青春期，还是其他人的青春期，都没有碰上他们所谓的那些危险。

通过个体心理学的研究，我们对孩子的性发展有了这样的经验：孩子在两岁的时候是需要我们告知其性别归属的，所以，我们应让孩子了解，小男孩长大之后会变成男人，而小女孩则会变成女人，在这一点上，是不会有变化的。除此之外，孩子并不需要了解太多其他的事情，对于他的成长而言，没有利害关系。假使我们让孩子明白，女孩子不能接受用来教育男孩子的教育模式的话，那么女性角色就会在她们的心里根深蒂固，相反地，对于男孩子来说也是如此。这样，孩子们就必然会通过正常的方式来建立起自己的性别角色了，同时为将来打下基础。然而，要是让孩子认为，可以通过一些"神奇"的方法来变换自己的性别的话，就必然会惹出麻烦。同样，会制造出问题的还有家长，他们总是会有意无意地流露出想要使自己的孩子换成性别的话，关于这种情况，在《孤单深井》这本书里有着精彩的描述。父母通常会犯一个错误，就是用教育儿子的方式来培养女儿，或是与之相反。他们会让孩子穿一些与自己性别不符的服装拍照。而我们也常常能够看到，有的女孩长得有点像男孩，于是，看到的人就很有可能会认错，并以不属于这孩子的性别称谓来称呼她，在这样的情况下，孩子就很容易搞混自己的性别。因此，最好家长能予以注意，避免此类事情的发生。

此外，现在社会上关于性别的讨论，有的会刻意贬低女性，有的则会刻意抬高男性，对此，我们也要尽可能地避免。在教育孩子的时候，应当让他们懂得：男女在价值上都是一样的。这样做，既能够防止女孩听到诋毁性的言论时不至于自卑，同时也可以使男孩远离危险，不至于招致什么不好的结果。倘若有人给孩子灌输男性比女性更为优越这样的教育理念的话，就会使其看不起女性，而仅仅把异性视为可以发泄欲望的工具。当他们知道，自己将来是要承担一定的责任的，那么他们就不会再用这种不正当的视角来看待与异性的关系了。

关于性教育，我们也可以换个说法来讨论，即性教育不仅仅涉及两性在生理方面的问题，还牵扯到如何培养孩子以正确的心态来看待恋情及婚姻，所以，解释两性生理上的性问题还只是其中的一部分而已。一个孩子若是没有准备好，不能通过调整自身来适应社会的话，就不会认真地看待性问题本身，往往会放荡不羁，游戏一般地对待性问题，凡事都会以自我利益最大化作为基础来衡量。这样的情况时有发生，也是我们在文化方面没有引起足够的重视的缘故。在这一点上，女人往往就成了受害者，因为我们如今处在男性占有更多主动权的社会背景下。不过，即便如此，男人也同样会受到伤害，因为他们所获得的优越感，很可能是不真实的，所以，秉着这种优越心理是很难触碰到和感知到人们内在的价值核心的。

至于说有关生理上的性教育该如何处理，我们认为无需在孩子年纪尚小的时候，就对他灌输这类型的知识，等到他什么时候对此感兴趣了，出于好奇而想要知道得更为详尽时再说。那些始终关注于孩子的父母，自然清楚该在什么时机下对自己害羞、不敢问及此事的孩子主动说出来，而一直都把父母当成朋友的孩子，也自然不怕问父母这件事。不过，当家长回答的时候，还是需要有针对性地做出解答，毕竟孩子在理解上还做不到把握得了分寸。

此外，我们还应尽可能地避免在回答的时候无意间挑起孩子的兴趣，使他们对性问题更加敏感。

倘若看出孩子明显带有性早熟的情况，没必要对此感到惊讶，因为性发育在孩子很小的时候就已经开始了。实际上，性的发育在孩子刚出生几周后便已经开始进行了，人在婴儿时期就能感觉到来自性方面的快感，有时候，甚至会自己触摸性敏感区域以寻求这种快感。当我们看到孩子有这种举动时，尽管感到十分担忧，却也不必手足无措，应该尽可能地制止孩子不要继续下去。同时，也不能对孩子显示出自己很关注此事，不然，一旦孩子发现大人在为此而担忧时，就会故意为之，好让我们必须得关注他。我们常常会误以为，孩子这么做是在肆无忌惮地放开自己的性欲，但真实的情况仅仅是他在用这一习惯来故弄玄虚，炫耀自己有能让大人关注的本领。通常，年纪尚小的孩子都会这么做，通过摆弄生殖器来吸引父母的注意力，因为他们十分清楚，父母一看到这样的行为就会很担忧。其实，这和装病的心理如出一辙，孩子一般都会发现，一旦自己生病，家长就会给他更多的关爱与照料。

过多地亲吻和拥抱孩子并不好，这会让他们受到来自身体上的刺激，特别是那些处在青春期的孩子，家长应把握好尺度，不宜做得过多。此外，也不宜与孩子过多地探讨性方面的话题，以免孩子在精神上受到太多来自性知识的刺激。我们在心理诊所工作时，常常碰到一个问题，那就是，孩子的父亲常常会把一些带有挑逗性质的，或轻浮类型图片放置在书房里，然后被孩子给发现了。这些案例是要告诉人们，以这样的方式让孩子接触性问题是不恰当的，孩子们不应该在没有明白的情况下，以这样的方式接触到此类涉及性问题的图书。另外，有些电影的主题也与性相关，并滥用性题材，这同样是不适于让孩子看到的。

要是我们能够避免孩子出现上述问题，让他们不会早早地就受到来自性方面的刺激，也就没什么好担心的了，只需要在适当的时候，简单地给孩子解释一下就行。不过，当孩子提出问题时，我们应在方式上注意，必须做到：真实和简洁，且不能引起孩子的抵触心理。要是我们还希望孩子对我们信任，就不要去欺骗他，这是最低限度也要做到的事。相应地，孩子倘若相信自己的父母，就自然会相信他们所说的都是对的，这样，当听到来自同伴那里的解释时，必然就不会那么相信了。而事实上，有百分之九十的人，就是从同伴或朋友那里了解到有关性方面的知识的。父母要是能够以朋友的方式，与孩子建立起信任和合作关系，可比那些自以为聪明，设计点小花招就把孩子的问题给蒙混过关了的父母要好上太多了。

有些孩子很早就有性经验了，而有的则接触得过早，这样的孩子往往长大后就不再对性感兴趣了。所以说，父母做爱时一定要尽可能地避免让孩子撞见，这对孩子来说是很不利的。要是情况允许，不要让孩子与父母同住在一个房间里，最好连同一张床都不要一起睡。此外，出于同样的原因，家里的兄弟姊妹最好也不要共用一个房间。孩子的父母还需注意自己的小孩有没有行为上的偏差，另外，外在环境对孩子有没有什么影响，也是需要予以关注的。

说到这里，有关性教育的几个主要问题也都讨论过了。这方面的教育与其他的教育一样，关键在于家庭，我们需要给孩子一个相互合作，且互为友好的家庭氛围。当孩子在家能够体会到合作精神，从小就接受自己的性别角色，同时还建立了男女平等的观念，那么他就已经做好了准备，能够克服今后所要面对的种种危机了。重要的是，这样的孩子已经有了一个健康的心态，并准备好了，那么他就可以自然地应对人生中所要去做的那些工作。

▲ 在大家庭中，对于步入青春期的孩子来说，进行性教育要等到孩子对性真正产生好奇心后再开始，并注意真实和简洁。应给孩子营造一个相互合作、互为友好的家庭氛围，让孩子在家能够体会到合作精神，有一个健康的心态去面对未来的生活。

/第十二章/

教育者的使命

▼

▼

父母和教师在对孩子进行教育的时候，应尽可能避免受各种因素的影响，而使自己感到心灰意冷。切不可出于付出很多却没有相应回报的原因，就打不起精神来；也不要因为看到孩子态度冷漠、淡然，或是只给予我们被动机械的回应，就做出将会失败的判断。另外，也万万不能让自己被迷信的说法所蒙蔽，认为孩子出了问题是因为遗传的缘故。在激发孩子的思想及潜能方面，个体心理学家认为，应倾尽所能地去帮助每一个孩子，给他们适当的教育，让他们获得勇气与信念。应让孩子明白，困难并不是跨不过去的"坎"，只要能够勇敢面对，努力去解决，都是可以顺利迈过去的。尽管不是所有的努力都会以成功收尾，很多时候，我们已经尽力了，却不能收获理想的成果，但还有不少成功的例子，可以弥补我们所付出一切。接下来，我们就举例加以说明。

这是一个关于十二岁的男孩的事情，他如今正在上小学六年级。尽管成绩较差，但他却不以为意。他的人生经历，其实是非常不幸的。由于患有佝偻病，他在学会走路的时候，已经三岁了，而接近四岁的时候，才能够说出一些很简单的词句。到了四岁，他随母亲到了医生那里，结果被告知，他的这种病是不可能治好了，可母亲听了，却并不相信。于是，又把孩子带到了儿童指导学校，让他在那里学习，但那所学校却没能让他改善多少，孩子还是成长得非常慢。等到男孩六岁的时候，家人认为他可以正常到小学去，因此，就送他进了一所小学。一开始，由于孩子在家有人能帮他进行课外辅导，所以一、二年级的考试也就都顺利过关了。而后，又勉强上完了三、四年级。

这个男孩不论是在学校，还是在家，情况都是一样的：由于比其他学生都懒散，所以在校期间，就成了众人关注的对象。他无法与同学友好相处，而同学们也常常笑话他，比起其他人，男孩看上去总是显得胆怯一些。他发牢骚说，自己老是会走神，没办法专注地听讲。在班里，和他比较要好的只有一个人，男孩很喜欢这个朋友，也常与他一起出去走走。可除了这个朋友，他觉得其他同学都让人讨厌，也跟他们玩不到一块去。男孩的老师会责怪他，说他数学成绩太差，写作方面也不怎么样，不过老师也还是相信他是有能力的，和其他同学一样能考出好成绩。

回顾这个男孩子过去所经历的一切和他做的事情，我们就能看出是怎么回事了。显然，在诊断时就出现了错误，而人们又在此基础上想要治愈他。结果，对孩子而言，一直都承受着深深的自卑感，并始终忍受着自卑情结所带来的心理煎熬。这孩子上面还有个哥哥，他的哥哥却一直都诸事顺遂。父母会对人说，他们的这个孩子在学习上根本就没怎么努力，轻轻松松地就读上中学了。既然父母觉得他哥哥无须用功就能掌握知识，那么孩子自然也很受用，并且以此来作为炫耀的资本。但事实再明显不过了，怎么可能有人不用努力就可以掌握知识呢？想必哥哥是因为上课的时候能够做到专心听讲，在课堂上就把听到和看到的都牢牢记住了，所以回到家自然也就不用像那些不怎么用心听课的同学那样，还要再温习一遍了。

如此一来，在弟弟和哥哥之间，就形成了巨大的反差。由于男孩子在能力上没有哥哥强，也远不如哥哥那么有价值，因此，在他的生活中，不免时刻都得承受这种压力。他总是能够听到有人骂他"笨蛋"或是"傻子"，母亲气急了的时候可能也会这么说他，而他的哥哥也是如此，对于这些话，他都已经听习惯了。男孩的母亲还表示，要是他敢违逆哥哥的话，就肯定会招来一顿打，哥哥也会对他拳脚相加。于是，所有的一切最终就演变成了一个结果：男孩觉得自己没有别人那么有价值，同时，谨慎的生活也使他加深了对这一看法的印象。在学校，同学都戏弄他，而他的课业也总是频频出错，他认为自己没法专心听讲，种种困难都令他望而却步。孩子的老师时常会说，感觉他根本不属于班级，也不属于学校。这就难怪这个孩子会认定自己不可能摆脱当前的困局了，在他看来，这是无法避免的，于是，他也开始相信其他人的看法，并认为那是对的。当我们看到一个孩子如此绝望，对将来也不抱有期望时，是很可悲的一件事。

这孩子的情况再清楚不过了，他已经丧失了信心。不过这并不是从他的表象上看出来的。其实，刚开始与孩子进行对谈时，虽然我们已经尽可能地让这个过程显得自如、放松了，可还是能够从他那苍白的脸上，以及发抖的身体语言里发现，他很没有自信。不过，真正使我们确认这一点的，还是他的一个细微的迹象，这引起了我们的注意。自然，我们清楚他如今已经十二岁了，却还是问了孩子关于年龄的问题，而他却告诉我们——他十一岁。答案与真实年龄不符，然而，我们不能将之视作偶然，一般来说，每一个孩子都十分清楚自己多大了。对此，我们也曾进行过证实，每一个诸如此类的错误背后，其实都潜藏着问题发生的缘由。因此，在综合考虑了孩子往昔的生活史和这次的答复后，我们就有了这么个印象：他试图让自己退回到过去。那时候的他，更为弱小，也更渴望获得他人的帮助。

如今我们手头已经握有关于这个男孩的一些事实了，通过这些就可以重塑并厘清他的整个人格脉络。这个男孩肯定自己的方式，既不是通过取得成就来肯定自己，也不是通过完成力所能及的那些他人交付的任务来认可自己的。不论是他的想法，还是表现，都仿佛在向我们表露出一点，那就是他没有其他孩子成长得那么充分，而且，他自己也认为没有能力去跟别人争什么。在感觉上，他总是比别的孩子要落后一些，所以表现出来的，就是谎报自己的年龄。或许他可以用十一岁来做出回答，然而，在某些情况下，其实看上去更像是五岁的孩子。在他心里，一直都认定自己比别人矮一头，所以甚至会通过对自己的一切活动进行调整，以便与他的这种看法相匹配。比如，大白天这孩子也会尿床，还无法自主控制大便。从这些症状中，很容易发现男孩子更愿意把自己当成一个小孩子来看待。而事实也证明我们的判断没错，他对自己的过去十分依恋，要是真有可能，他肯定想回到过去的日子里。

在小男孩的家里一直有一个家庭老师，她在孩子出生前就已经来到了这个家庭，男孩出生后，这个老师总是能在他妈妈不能陪他的时候，接管母亲一职。于是，就与孩子有了紧密的关系，时常帮助和照料他。了解到这些，有助于我们更多总结出一些东西。现在，我们对孩子往昔的生活已经有所了解了，知道他早上不会喜欢早起，那要浪费掉别人不少的时间，对于他赖床的问题，人们一说起来就感到心烦。我们可以给出这样一个结论：案例中的男孩肯定不喜欢上学。到学校对他来说就意味着，会受到不能和同学友好相处的压抑，认为自己无法获得好成绩。如此，他怎么可能乐意上学呢？结果只能是不想在规定的时间内起床。

然而家庭教师的话却与此相反，她说孩子是愿意去学校的，而事实也是如此，男孩在最近一次生病期间，就强烈恳求家人让他回到学校去。不过，即便是这样，也并不与我们的结论相冲突。问题在于：这个家庭老师何以会产生错误的判断？其实，这种情况再明朗不过了，也非常有意思。当孩子处在病中时，就有"条件"允许自己表示出自己的意思了，他说想回去上学是因为他知道家庭老师会怎么答复他，她会说："你已经病了，不能去的。"不过，他的家人却不知道，为什么会出现这种表面看上去很矛盾的情况，所以反而不清楚能为孩子做点什么了。而我们也曾多次注意到，男孩子的家人其实对孩子内心里真正的想法并不知情。

　　男孩的家人之所以会把孩子带到诊所来，其实是源于一件事：孩子偷拿了家庭老师的钱，用来买糖果。发生了这样的事就代表这孩子做起事来还像个很小的小孩子。显然，用大人钱买糖果吃，是很孩子气的行为，因为只有那些年幼的孩子才会控制不住自己对糖果的贪欲，也才会做出这样的事情，同时，小孩都缺乏对自身身体机能的控制力。从心理角度来解释这件事的话，就是这样的："你必须得看管好我，不然我就淘气给你看。"对于这个男孩来说就是如此，他老是想设计一些情景好让别人为他操心，其实是他对自己太过缺乏信心了。就此，我们可以把他在家里和在校期间的情形做对比，它们之间是有着明显的关联。在家的时候，家人会关注他做了什么，但到了学校就不是这样了。还有谁打算让他改过来呢？

　　在我们见到这个孩子之前，人们一直将他看成是落后和差劲的小孩，不过，真实的情况并不是这样，他不应该被划归到这一类。只要他能够自信起来，就与其他正常的孩子无异，别的孩子在学校所能获得的成绩他也一样可以获得。这个男孩总是倾向于悲观地看待问题，尚未做什么努力就已经准备好可能面临的失败了。他在言谈举止中，显得自信不足，关于这一点，他的老师也在提交的报告里说过："注意力不集中、记忆力差、缺乏专注力、交友不多，等等。"显而易见的是，他肯定感到伤心失意，又没有有利于自己的客观环境，因此，想让他转变态度不大可能。

　　当个体心理问卷都答过之后，我们便开始了对此案例的咨询和探讨。在这个过程中，我们不单单要面对孩子本身，也需要和与他相关的人沟通。第一个谈话的对象就是孩子的母亲。她表示，早就已经不再对这个孩子抱什么期望了，能将就着让他毕业就好，还有就是，看看能不能帮他随便凑合找份工作。接着，我们又与孩子的哥哥进行了对谈，他根本看不上自己的这个弟弟。

　　现在回到有问题的这个小男孩身上，我们问他："长大之后你想做什么呢？"当然，他给不出什么明确的回答，但这一问题还是有着特殊含义的。倘若一个孩子到了"小大人"那样的年龄时，还不清楚自己未来想干什么的话，那么其中必有问题。事实上，确实有不少人最初的想象和之后所从事的工作不符，不过这没有什么要紧的，最起码，他们都曾有过希望，也为其所指引。可要是一个孩子对于想要从事的职业连个具体点的想法都没有，那他很可能并没有对将来有什么思考，还活在过去的日子里，又或者，是在逃避面对未来，以及与之相关的一切问题。

粗略看上去似乎这一点是有违个体心理学所阐述的基本理论。之前，我们曾提及过孩子都会追求自我优越感，这是他们的特质所在。也曾一直想要表示，孩子都有意发展自我，想让自己比别人更好，并获得一定的成就。但如今在我们面前的这个孩子，却似乎并不能按通常意义上的情况去理解。这孩子不看未来只看过去，想要退回到幼儿时期，让别人还像过去那样呵护他。对于这样的情况，我们又该如何解释呢？

每个人的精神生活背后，都有其形成的复杂原因，它并不是天生的，也不全是自主性的。所以，我们要是以单纯而幼稚的解释去解读复杂的精神状态的话，就会在判断上出现错误。有些情况看似复杂，但其中却包含着不少奥妙，假使我们打算辩证地解开谜团，就有可能朝着所要辩证的东西的反方向走了。就拿这个案例来说，孩子所追求的，是回到自己过去的生活，只有这样，才能使自己显得很重要，而相应地，地位也会提高，也更能让他有安全感。但这么来解读案例的话，就容易让那些对孩子的情况不了解的人，无法透彻地理解，也容易在思想上产生混乱。其实，男孩想要回到过去的生活，是有一定的道理的，尽管听上去可笑点。

这样的孩子会认为，自己在年龄非常小的时候，尽管十分弱小又没有能力做什么，可在那个时期，却比后来的任何时候都要强大，也更有支配权。他缺乏自信，怕自己什么事情也做不好。对于这样的孩子，我们还能有什么期待呢？人们根本不会对他有什么要求，也不指望他主动寄希望于未来。他会逃避所有的考验，也不会真正面对那些能够测试出他现有能力的处境，所以也就没有多少空间能够活动了。既然他的活动范围已经如此受限，人们自然也就不会过多地要求他什么了。从这一点看，对孩子来说，能够获得别人认可的部分也就相应地只有这么一点了，而且还是获得他作为幼儿时处在弱小状态下，他人所能给予的那种认可。

　　针对这孩子的情况，我们需要和与孩子密切相关的人进行面谈，包括老师、母亲、哥哥，除此之外，也有必要见到他的父亲，当然还要和我们的同事聊聊。不管怎么说，这都是一系列复杂的对话，需要沟通和商量的地方又会涉及不少的工作。不过，虽然不是什么办不到的事，却也没那么容易。因为当前还是有不少老师总抓着老一套思想不放，对心理分析了解不够，认为依靠心理分析去解决问题很奇怪。他们怕一旦做心理分析，也就代表着他们发挥不了什么作用了，又或者，有的老师会认为，这将会阻碍他们的正常工作。其实，情况并非如此。学习心理学并非一朝一夕就能掌握，它需要人们踏踏实实地做研究，以及不停地加以实践。不过，要是有人在看问题的时候，本身观点就是错误的，那么心理学也帮不上多少忙了。

　　对于从事教育的人来说，尤其是作为老师，宽容和耐心都是必须具备的素养。此外，要以明智的态度敞开来对待新出现的一些心理学观点，就算是某些观点和人们通常理解的不一样，也是如此。在当今社会，对于老师的意见，我们并没有权力去反驳，但要是在困难情况下，又该如何处理呢？以我们的经验来看，碰上类似的情况，就必须及时给孩子换个环境，让他离开困局，改换别的学校，这是他唯一的出路。这么做的话，就不会给任何人带来伤害，因为大家都不会知道到底发生了什么，对孩子来说，也不用负担什么了。等到男孩投入新环境，就会努力用功，以此来应对他人的反感和嘲笑。关于后续情形是如何安排处理的，就比较复杂了，在此不过多解释，这里面当然有很大成分取决于他的家庭环境。也许每种情况都应当有其对应的处理方式。要是老师们都能够多了解一些个体心理学的话，就比较容易理解此类情况的学生了，也就能够及时地发挥作用，给孩子更多所需的帮助。

▲ 父母和教师在激发孩子的思想及潜能方面，应尽可能避免因受到干扰而选择放弃，而是要倾尽所能地去帮助每一个孩子，使他们获得勇气和信念。

/第十三章/

关于父母的教育

▼

▼

关于本书，我们在前面已经多次指出，它是用来给父母和老师阅读的，使这些人能够借此了解儿童的心理，并从中获益。在上一章，我们通过分析小男孩的例子得知：不管是父母出于保护来教育孩子，还是老师通过帮助孩子成长来教育他们，都是不违背主旨的，因为教育的关键，就在于使孩子得到正确的指导。在这里，我们所指的教育并非传授科学知识，而是要着重指出教学之外的那种教育，即发展孩子的人格，对其人格进行培养和训练，这才是至关重要的教育内容。在教育孩子方面，尽管老师和父母都做出了自己的努力，孩子的父母负责补足他们在学校所学不到的东西，老师则负责纠正孩子们在家庭中所形成的一些问题。不过，处在当前的社会背景及经济环境下，生活在大城市里的孩子，基本上都是由老师来主要承担孩子们的教育责任。对于孩子的父母来说，不像老师那样有条件接受新的教育理念，而老师这个职业本身，就决定了老师对教育孩子方面比他们的父母更感兴趣。倘若父母能够多在教育孩子方面配合老师和学校，那自然就再好不过了。不过，个体心理学还是把希望更多的寄托在了老师和学校方面，希望他们能够通过教育，使孩子更好地适应未来的生活。

在老师进行对孩子的教育工作中，难免会碰到与家长发生冲突的时候。特别是当孩子出现了什么错误时，老师就会以纠错作为前提来和父母进行交流，这样就会使父母认为，自己在教育孩子方面是失败的，因此，也就免不了会发生冲突了。而从某种意义上而言，父母确实容易把老师希望让孩子改正错误的工作，视为自己失职的缘故。老师应该如何在这种情况下来解决与孩子父母之间出现的这种冲突关系呢？

现在就让我们来专门探讨一下这个问题。在这里，我们自然是站在老师的视角来讨论的，因为，他们得把家长的问题当作教育上的心理问题来对待，并予以解决。已经当上父母的读者，还请不要因为看到如下观点的时候而动怒，这是专门为那些认识不到位的少数家长所提供的建议。

有不少老师反映，与问题儿童沟通起来其实没有跟他们的父母沟通困难。事实上，这就表示，老师需要用一定的技巧来开展对孩子父母的说服教育工作。每一个老师应在交流前就先预设一个前提：对于孩子的不良表现，他们的父母是不用承担责任的。

因为，他们几乎都是按照一贯传统来做的，既不是专业的教育从业人员，又不懂得灵活运用教育方式，所以，当被叫到学校解决孩子的问题时，就不免认为自己好像罪犯一样，受人指控。这时候，他们的心里肯定不好过，尽管更多的是来自于内疚心理，可即便如此，老师还是应该用巧妙的方式来对待家长，他们也理应受到这样的待遇。老师应在这个时候令孩子的父母放松下来，能够心平气和、友好地配合老师的工作，并在态度上，流露出愿意出力帮助解决问题的意愿，让他们感觉到老师希望能够得到家长真心实意的支持。

我们不能因为有足够的理由责备孩子的父母就真的这么去做，应当与家长一起配合工作，尽可能地去劝服他们，以使其放弃以往的态度转而愿意使用我们的方式来教育孩子，这样，我们的教育工作才好进行下去并得到好的收效。相反地，直白地告知家长，他们过去的教育方式是不对的，这么做无补于事。当前最为重要的，还是得尽可能地让家长同意用新的教育方式来教育孩子。但要是说他们做得不对或不好，那就事与愿违了，家长会因此而感觉到自己被冒犯了，从而拒绝与老师配合工作。按照常理而言，每个孩子都不会毫无缘由地犯错，发生了问题，就代表不是一朝一夕形成的。其实，家长也会觉得自己在教育孩子的问题上会有所疏忽，不过，我们却不能因此而让他们觉得，我们的看法也是这样的。在与家长进行沟通时，我们应尽量避免使自己的言语教条化，倘若需要提建议，也不能太过权威化，或是使用命令式的口气，应该多用"也许""可能""大概"这样的字眼，还可以这么说"或许可以试着这么做"……此外，我们最好也不要直白地告诉家长，错出在哪儿了，以及如何处理才对，不要让家长因此而觉得我们是在将自己的看法强加于人。不过像这种巧妙处理问题的技巧，肯定不是每一位教师都能够运用的，因为这是需要经过时间和经验的累积才能够达到这样的效果。富兰克林在其自传中曾写过一段文字，跟我当前所要表达的思想一致，这很有趣。他是这样写的：

我的一个贵格会①的友人出自善意告诉我说，大家都觉得我是个傲慢的人，而这在我的言行中总会时不时地显露出来；当我跟别人一起探讨问题时，光是满足于自己是正确的还不够，老是一副不可一世的样子，不把别人的话放在眼里。他还列举了一些实例来说服我相信。于是，我就决意要把他所说的毛病都给改正过来，当然，实际上我的缺点可不光这一条。随后，我在自己列出的清单上，补充上了"谦卑"这一项，在这里，我所指的是它在广义上的意思。

我还不能夸下海口说我其实已经造就了这种谦卑的美德，可至少从表面上看，我已经很像那么回事了。我给自己定了一个规矩，

---

① 贵格会，又名教友派、公谊会，由英国宗教运动领袖乔治·福克斯于17世纪创立的教会派别。——译注

让自己必须不直白地反对他人的意见，也不对自己的意见表示出绝对的肯定。甚至，我还会按照古老的政务律法所要求的那样去做，绝不在言语上使用"肯定""毋庸置疑"这种带有绝对、不容更改意味的词汇，而改用"我想""我感觉""依我之见"等字眼来说明自己的想法，至少我觉得现在就是在这么做了。要是有人说出了什么我觉得是不对的观点，也不会冲动行事，而是控制住我自己，不立马得意地加以反驳，告诉对方他在哪里说错了，有多无知。当我需要对他的问题做出回答时，就会这么说：他的说法要是放在某些情况下、某类型的场合里，的确是对的，可按照当前的形势来看，似乎不太适用，诸如此类。没过多久，我发现自己确实能够感受到，改变说话的方式给我带来了怎样的益处了，在与别人谈话时，也比以往更加愉快而顺利。人们更容易接受我用婉转而谦卑的方式所表达出的看法，反对的人也少了很多。对我来说，即便有什么见解被人证明是不对的，也不会觉得很受屈。不过，要是恰巧我说出了正确的看法，也会比以往更容易使对方改变自己的错误理解，转而对我说的看法表示认可。

在我最开始使用这种谦卑的方式说话时，觉得备受压抑，因为这与我自然流露的本性不符。然而，慢慢也就习惯了，久而久之也就不觉得压抑了，也许人们在这过去的五十年中，谁都没有再听过我用教条式的口吻说过话。依我看，正是出于我养成了这样的习惯才会如此，当然，这也要归功于我刚正不阿的性格。这一习惯使我在早年间能够很好地让我的同胞乐于听取我的提议，同意建立一个新的体制，随后，又在我当上了众议院的议员后，让我的影响力那么深远。事实上，我在演讲方面是很拙劣的，没有好的辩才能力，在考虑措辞上，也总是犹豫不决，表达得也不怎么精准。可即便是这样，人们也还是通常会对我提出的观点表示认同。

人们在现实生活中都会自然地流露出自己的情感，而骄傲是其中最难调服的。它总是会常常显露出来，虽说我们能够让它改头换面、把它压制下去，或是掐住它的喉咙不让它表态，但就是怎么也不能消灭掉它。这样的情况，你们怕是在历史中也看到不少。所以说，即便我认为我已经确实将骄傲的情感给全面调服好了，可仍旧会为我如今的谦卑而感到骄傲。

这里所引述的富兰克林的话当然不能适用于每一种在生活中发生的情况，我们不能强迫什么人这么做，也强求不来。不过，我们还是可以通过富兰克林的见解明白：在他人表达出观点之后，我们不能不分时间、不分场合，以盛气凌人的态度加以反驳，这么做是徒劳无功的。在生活中，情况不同就要用不同的规律来与之匹配，没有一种规律能同时作用于各种情况，而运用规律时，也只能控制在某些范围里，否则也是不适用的。不过，在某些场合下，也确实适宜使用强烈一些的言辞。不过在这里，我们还是要考虑家长们的情况，他们有的正处在忧虑当中，这已经够让他们觉得屈辱的了，而如今，还要为了孩子再承受更多耻辱。老师们所要应对的就是这样的一群人，而我们要是没有他们从中配合，也什么事都办不成，所以，考虑到这一实情，事情也就很明朗了。我们只有采用富兰克林的方法才能切实帮助孩子，这也是唯一符合逻辑且适用于我们的法子。

　　情况既然如此，这时候再证明自己是对的，或是去彰显自己的优越，已经不重要了。在开展教育工作的过程中，很多困难在等着我们处理。有的家长是听不进去劝的，老师一说，他们就会动怒或是感到惊讶不已，有时在态度上，也表现得很不耐烦，或是带有敌意。他们会认为是老师把自己和孩子给摆在了如此尴尬又恼人的境地里。这样的家长常常不愿意面对现实，也不认真看待自己孩子的问题，只是偶尔管管孩子。如今，却被人强行给拉到现实面前，不得不眼睁睁地看着哪里出错了，这可不是叫人愉快的体验。不难想象，若是老师用匆忙或是突然的方式对家长谈及他们的孩子，又或是用一种激动的情绪对家长传达孩子的问题，就几乎不可能争取到家长的配合了。有些家长做得可能会更过火，会对老师大发脾气，结果，面对这样的情况，老师也就很难再接近他们了。要是出现类似的情形，作为老师，最好能对家长说明一点：在教育孩子的工作上，没有家长从旁协助是做不好的。要是能把家长的情绪给稳住，让他们平静下来，并最终可以以友善的态度来交流的话，那就太好了。我们还须谨记：不少家长一直以来都受限于传统的那种腐朽的管教方式，而突然叫他们破除传统观念，他们又怎么能一下子适应得了呢？

比方说，父母十几年来对孩子说话就是非常严厉，还老臭着一张脸，而他们的孩子也因此而被毁掉了自信。如今，让他们突然改换另一副面孔来对待孩子，并与之和蔼可亲地对谈，这怎么做得到呢？甚至，我们也可以这样说，要是父母对孩子的态度骤然变好了，孩子也不会那么快就相信这是真的改变，是父母真心实意要做出改变，反而会觉得父母的这种转变一定是有什么阴谋，而随着时间的累积，他才会慢慢重新信任自己的父母。

这在那些高级知识分子中也不鲜见。有一位在中学任职的校长，在对待自己的儿子时，总是没完没了地批评孩子，挑他的毛病，结果，孩子因此几近崩溃。在我们与这位校长沟通之后，他也认识到了自己的问题。但回去之后，却又滔滔不绝地以刻薄的口吻跟孩子说了一大堆的道理。这位校长总是冲孩子大发脾气，有时是因为孩子太过懒散，有时是因为做了让他感到厌恶的事，总之他发起脾气来，什么难听刻薄的话都说得出来。而一个从事教育工作的校长都会有如此表现，就更不要说普通的家长了。有些家长从小听到和看到的都是僵硬而死板的教管方式，动不动就用皮鞭来教训犯了错误的孩子，要使这样的家长在短时间内就改变教管方式，其难度是可想而知的。老师在与孩子的家长进行沟通时，应当采取一些必要的手段，只要巧妙而圆润的方式行得通，就可以付诸实践。

在作为社会底层的贫穷家庭，一般都会以"皮鞭式"的方法来教育孩子，这是非常普遍的现象，我们必须牢记。如此，就会出现这样的情况：孩子在学校，老师会对他进行一番批评教育，而回到家，还要面对父母的皮鞭。结果，老师的一番苦心就被孩子家长的皮鞭给抽打光了，而这早就是司空见惯的事，着实可悲可叹。如此一来，孩子就可能因为犯了一个错而承受两回处罚，但依我们来看，犯了错的孩子惩罚一次也就足够了。

对孩子施行双重处罚，我们都清楚后果将会非常严重。举个例子来说，一个孩子必须将自己糟糕的成绩单交给家长，但他担心自己会因此而受到责打，于是就没有这么做，可他怕这样一来又会在回到学校之后受到老师的责罚，然后，就选择了逃学。又或者，他仿造父母的签名在成绩单上做了假。对于这类事情，我们决不能小觑，也不可以忽略掉，应综合考虑孩子的实际问题，以及他身处的境况来考虑他的错误。在处理孩子的问题前，应该先扪心自问：要是我见到他就直白地说出他的错误，这会带来什么样的影响？孩子对此的反应会是什么样的？这么做了之后，我又有多少把握可以帮到他？他有这份承受力吗？他能通过这样的方式得到对自己有益的教训吗？

我们都清楚孩子在面对困难的时候和成人有着很大的不同，

因此，当我们进行再教育的时候，应当小心谨慎地采取行动，倘若我们打算为孩子重新构建起他的生活模式，那么在此之前就得心中有数，确定自己的行为真的能够生效。只有从始至终都全面考虑问题，并在判断上保持客观的人，才能在对孩子进行教育和再教育时能够确认自己可以达到预期的结果。对于教育工作者来说，必须得有实践精神和毅力，还得同时坚定地秉持这样的信念——不管情况如何，我们总能找到挽救孩子的方法。首个重要的方法就是，遵循一个古老而被一直奉为铁则的规律——要想再次振作起来，就必须要趁早。只有那些将孩子视为完整的统一体，将孩子所表现出的征兆当成是组成这个统一体的一部分的人，才能真正做到理解和帮助孩子。相反地，那些惯于主抓某一孩子的征兆，然后用死板而僵化的方式来解决问题的人，是不可能比前者做得更好的，要差劲得多。就好比那些一看见孩子做不好功课就报告给家长的老师。

　　时代已经发生了巨大的变化，在教育领域，我们正在进入一个新思想、新方式、新发现不断涌现的新时代。那些旧有的传统观念和教育方式及腐朽的习气正在慢慢被科学所淘汰。知识量扩大了，老师要担负的责任也就更重了，不过相应地，也可以对出现在孩子身上的问题了解得更为深入，并因此而获得更多足以帮助他们接管孩子教育方面的能力，这也算是得到了一定的补偿。最关键的一点，老师们要牢记：不能脱离孩子的整体人格来单看其某个行为方面的表现，这是没有意义的，而只有将孩子的单个行为与其整体人格统一起来研究，才能真正理解，这孩子为什么会出现某个行为上的表现及其背后所含的意义。

▲ 除了传授知识以外，发展和培养孩子的人格，同样是至关重要的教育内容。在面对有问题的孩子，对其进行再教育时，一定要客观、全面地考虑问题所在，并坚信自己有挽救孩子的办法。

/ 附录一 /

个人心理问卷

▼
▼

这篇问卷调查是由国际个体心理学家协会所拟定的，可供那些有意了解儿童和帮助儿童的人所使用。

1. 发现孩子存在问题是在什么时候？他在暴露出自己的缺点时，处境如何？（包括心理上的和其他方面的境况）

对于这一问题，应对如下情况予以重视：环境上的变化、开始上学、家里添了新生儿（弟弟或妹妹）、孩子哥哥或姐姐的情况、在校期间遇到的困难、更换老师、转学、身患疾病、父母离异、父母再婚、有家人离世等。

2. 在孩子的问题暴露出来之前，心理和身体的缺陷是否存在，特点是什么？包括在吃饭、着衣、洗澡和睡觉时有害羞、内向、马虎、蠢笨、嫉妒、羡慕和依赖等特征表现出来吗？是否怕孤独或是怕黑？对自己的性别角色是否了解？表现出的性别特征属于一级、二级，还是三级？如何对待异性问题？对自身性别角色的了解程度如何？属于继子、私生子、养子，还是孤儿？养父母对他如何？是否能与父母进行沟通？学习说话和走路是否顺利？过程中是否遇到难题？换牙期间是否顺利？有无阅读、写字、唱歌、游泳时期产生的显著问题？对父母、祖父母或保姆有无依恋感？

　　对于这个问题，判断的关键在于：孩子对所处境遇是否存在敌视的情况；找出孩子形成自卑心理的原因；孩子对困难是否有回避倾向，需要加以核查；孩子有没有显露出以自我为中心和过度敏感的心理特征。

　　3. 孩子是否总是带来麻烦？最怕什么？最怕谁？晚上睡觉时有没有惊叫的情况？是否尿床？是否对弱小或更强壮的孩子武断专行？有无与父母同睡的渴求？是否在行为举止上显得笨拙？有无佝偻病？智力水平如何？别人是否总是笑话或戏弄他？在发型、服饰、鞋袜等方面有无虚荣心的体现？是否常咬指甲或抠鼻子？吃东西时，有无显露出贪婪样？

　　在这个问题上，了解孩子对于追求自我优越感是否有信心，将会极大地启发我们。此外，还要知道孩子有没有因为偏执和固执而阻碍了自己按照本意来做事。

4. 孩子是否能与别的孩子轻松交友？是否有耐心对待人和动物？有没有打扰和虐待人和动物的表现？是否爱搜集东西？有没有吝啬和贪婪的表现？在孩子中是领导类的人吗？是否有孤独倾向？

通过如上问题，可以检测出孩子的交际能力，以及他灰心丧气的程度如何。

5. 综合上述问题来考察孩子的这些情况：在校期间的表现情况如何？是否喜欢学校？是否按时上学？返校时有无兴奋情绪？上学是否匆忙以对？有无忘记带书本、作业和书包的情况？在投入练习和进入考场前，情绪有无紧张和激动的情况？是否不记得完成作业？是否拒绝完成作业？是否肆意浪费时间？是否懒惰？能否做到专注？是否扰乱课堂纪律？怎样看待自己的老师？在对待老师时，态度是否冷漠、挑剔、傲慢？在课业方面，是否有主动寻求同学的帮助的表现？是否只是被动接受别人的帮助？对体操和运动有无兴趣，强烈吗？对自己如何看，是自认为比不上他人，还是完全比不上？常会看书吗？偏爱何种读物？

借由如上问题，我们就可以清楚孩子在学校这个实验所里所暴露出的问题，以及他有没有做好应对学校生活的准备，还有在困难来临时，他会以怎样的态度来面对。

6. 了解孩子的具体家庭信息：有无酗酒的家人？是否有家人存在犯罪倾向？家里有无病人或身体虚弱者？无有患有精神疾病、梅毒和癫痫等病的家人？家庭经济水平程度？有无亲人死亡？家人去世的时候，他几岁？是否为孤儿？谁在家里掌权？家里管教严厉苛刻吗？家人对孩子的态度如何，挑剔批评还是放任不管？孩子是否因家庭环境而恐惧生活？家人对孩子的情况是否关注？

对孩子的家庭情况进行考察，了解孩子对家庭的态度，有助于我们弄清楚孩子因此形成了怎样的印象。

7. 在家庭中，孩子的地位如何？是家里的长子、最小的孩子，还是独生子女，是家里唯一一个男孩子还是女孩子？有无子女间的竞争？有无众多子女哭闹的情况，彼此之间是否有看笑话的行为出现？是否强烈地表现出有意贬低羞辱他人的倾向？

如上问题至关重要，可帮助我们了解孩子的性格是怎样的，并使我们能够理解孩子为什么会以这样的态度来对待他人。

8. 对于自己将来所要从事的职业，孩子是怎样想的？看待婚姻的态度如何？家人的职业情况？父母的婚姻生活情况？

我们可以就如上问题的答案看出孩子有没有信心和勇气迎接未来的生活，并做出最终判定。

9. 孩子最喜欢玩什么游戏？最喜欢什么故事？对哪些历史人物和文学人物感兴趣？是否爱打扰别人玩游戏？有无丰富的想象力？能否冷静地对问题加以思考？是否爱做白日梦？

从如上问题中，我们可以了解孩子是否更希望能在现实生活中里做个英雄式的人物，倘若他的行动存在着自相矛盾的地方，就表示这个孩子缺乏勇气。

10. 孩子的早期记忆是什么？是否有规律地做飞行、坠落、浑身不能动弹、追不着火车为内容的梦，等等？是否能够清晰地回忆起自己的梦？是否在梦里感到焦虑？

从这些问题中，我们可以看出孩子是否承受孤独，是小心谨慎还是充满野心。此外，还可以了解孩子是否对什么特别的人及某类生活情有独钟。

11. 孩子主要在哪些方面会感到灰心丧气？自认为别人在忽视他吗？对他人的关注和表扬是否做出了及时的回应？有无迷信思想？是否逃避困难？是否乐于尝试各类事物却没耐性？有无对将来的具体计划？对于遗传问题，是否相信会有不好的影响？会为周遭的所有人和事而感到灰心失望吗？有无悲观的人生观？

孩子是否已然失去了自信，是否做出了错误的选择，在偏离正轨的方向上发展，通过如上问题的答案，就能得到证实了。

12. 孩子是否爱淘气耍花招，比如：扮鬼脸、装傻充愣、装小孩子或出洋相，等等？

出现此类情况就意味着孩子想要让他人关注他，并有使自己表现得勇敢一点儿的意愿。

13. 孩子是否存在语言方面的缺陷？长相如何，是美还是丑？长相非常俊朗吗？身材如何，是胖还是瘦？身体的比例是否协调？脚部有畸形吗？膝盖畸形吗，向内弯曲还是有罗圈腿？身形是否矮小？眼、耳是否存在生理上的异常表现？心智发育是否延缓？是否为左撇子？晚上睡觉时是否打呼噜？

孩子往往会特别看重自己所欠缺的东西，因而对自己缺乏自信。即使是长得好看的孩子也不免会在成长的过程中变成问题儿童，他们相信不用努力就可以得到成功，也就错失了历练自己的机会，使得将来在应对生活时没有做好足够的准备。

14. 孩子是否常表现出自己没有能力，比不上其他人？是否在学业、工作和生活方面心生怨怼，觉得自己没有天赋？是否有过自杀的想法？从时间上看，他给别人带来麻烦的时候是不是就是他遇到失败的时候，这两者有无关联？是否对外在的成功很在意？有着怎样的性格特质，顺从听话、固执己见，还是恣意妄为？

238

这些问题能够体现出孩子是否已经到了非常失望的境地。当一个孩子难以摆脱困局时，就会明显地表现出这些征兆。之所以会遇到"坎"，部分原因是他尽管很努力却没有收到理想中的回报，部分原因是他周遭产生关系的人并不了解他的情况，可他在心内里还是会渴求追逐优越感的，因此，会以此为出发点去另觅更为简单快捷的发展方向。

15. 找到孩子的一些成功事例。

通过了解孩子们业已取得的成功，我们就能从中了解到重要的信息，他当前践行的发展方向很可能与其真正的兴趣、意愿及所受到的训练和培养并不一致。

在对孩子提出上述问题时，不论是以固定的顺序来问，还是按照程序上的顺序来问，都是不恰当的。在抛出问题的时候，我们可以用谈话的方式来灵活把握。等到孩子回答完问题之后，我们就可以根据答案来判断其真正的性格了。我们将会认识到，孩子并不是必然会遭遇失败，而是存在可以理解的地方，所以，应该对其报以耐心和宽容的态度，用友好的方式来解释他们在问卷调查中所显露出来的错处，并为他们一一进行详细的解说。值得注意的是，不要在谈话的过程中夹带哪怕是一点点攻击性话语，也不要威胁吓唬孩子。

/ 附录二 /

五个孩子的案例及评析

▼

▼

案例一

　　这是一个男孩，十五岁，独生子。家里的生活还算舒适，这是其父母辛勤工作挣来的。为保证这个孩子的健康成长，他的父母一向谨小慎微。母亲为人善良，但性格软弱，动辄哭泣。断断续续地费了很大劲，她才把儿子的情况介绍完。根据她的描述，我们了解到孩子的父亲，为人诚实，有旺盛的精力；而且很自信，热爱这个家庭。小孩嘛，难免不听话，而父亲会在此时告诉他说："为了避免你将来铸成大错，我现在只好压制着你一些。"强迫儿子按照规矩做事，就是他所谓的"压制"。孩子做错事，他的惩罚方式一般都是暴力体罚；在教育孩子这件事上，他并没有花费多少心思。然而，孩子年幼时就已表达他的反抗了。比如，他渴望成为家里的主人。那些被溺爱的独生子，经常有这种欲望。这个孩子的反抗倾向也过早流露出来了，并且，他总是不愿服从，除非父亲动手打他。也就是说，这一倾向逐渐形成了不听话的习惯。

爱说谎这种性格特征，对此类小孩来说是必然要形成的。说谎是他避免被父亲重罚的办法，而母亲也确实忧心他的这个缺点。这个十五岁的孩子，什么时候在说谎，什么时候在说真话，他的父母居然无法分辨出来。关于这个孩子的情况，我们进行了更详细的询问，得知他曾有一段时间生活在某一教区的学校里。这个小孩不服管教，课堂秩序经常因他而乱作一团，学校的教师也这样抱怨，比如说，他会在老师提问之前大声回答，或者故意提问以打断老师的讲课；课堂上，他提高跟同学说话的嗓门；本已是个左撇子，他在写作业时又写得潦草，以致看不清写的是什么内容。最后，他的行为越来越恶劣，使别人再也无法容忍了。由于害怕父亲，他以撒谎逃避责罚。刚一开始，父母还是决定让他留在学校，但很快，由于老师们认定无法再教这个孩子了，他们只好带他离开了学校。

老师也承认，这个小男孩外表十分活跃，智力发育良好。读完公立小学后，要升入中学了，于是他参加了升学考试。母亲一直在等着考试结果，他考完后告诉母亲通过了。听到这个消息，家人都很高兴。那个夏天，他们是在乡下度过的，而男孩经常在家人面前说起他关于中学的畅想。总算开学了，他打点好书包就去上学了。每天的午饭他都回家吃。有一天，他的母亲陪着他走在路上，走进街道时听到一个男人说："就是那个男孩，今天早上就是他给我指的路。"于是她问儿子："那男人为什么会那样说，今天早上究竟有没有上学去。"男孩的回答说，他之所以会遇到那个男人并领到车站，是因为早上十点钟就没有课程了。这个回答没有让母亲满意，母亲过后把这件事告诉了孩子的父亲。父亲决定第二天和儿子一同去学校看看。原来，儿子并没有通过入学考试，也没有进入中学；为了打发那些日子，孩子都在街上闲逛。这还是他经过第二天在去学校的路上反复追问才知道的。

后来，父母为他请了一个家庭教师，并最终通过考试进入中学。但是，课堂秩序还是会经常被他扰乱，也就是说，他完全没有改进自己。并且，他开始学会偷东西了。他偷了母亲的钱，被追问时编造许多个谎言，最后才承认是他偷的，不过那也是因为家人威胁着要报警。

这个可悲的例子，是关于忽略孩子教育问题的。"我儿子是无可救药了"，这就是那个当初自以为能够管制住孩子的自负父亲如今对儿子的定论。孩子的父母都说，现在，不理睬是他们唯一对孩子的惩罚，而不再是体罚了。

被问到"孩子惹麻烦的情况是从什么时候开始的"这一问题时，母亲说："一出生就这样。"我们可以从这种回答中得到这样的暗示：孩子生下来就是要做出不良行为的，要不然为何父母用尽法子都无法管教呢?

男孩的烦躁不安,在幼儿时期就表现出来了;他的哭叫声不分白天黑夜。但他很正常,非常健康,这是所有见过这个小孩的医生的共同评价。

这情况乍一看很简单,实则不然。幼儿总是会哭叫的,这不值得奇怪。有很多原因导致小孩哭叫;如果孩子是独子,母亲再缺乏这方面的经验,原因就尤为复杂。母亲可能不知道的是,一般而言,孩子哭闹是因为尿湿自己了。母亲是怎样处理小孩的哭闹呢?轻摇地抱着他,并让他喝点什么。其实,找到哭闹的原因并把孩子安顿舒服,才是她应该做的事。处理过后,孩子自然不再哭闹,过多的理会也是不必的。而且,这样一来,关于小孩的这一不良记录也就永久抹除了。

根据他母亲的反映,孩子学说话和走路都不是特别费力,并顺利地度过了长牙期。他有玩过玩具就毁坏的习惯。不能从这习惯中得到孩子品行恶劣的提示。母亲的另一句话"他甚至不能在很短时间内单独玩耍",才是值得注意的。母亲要给孩子单独玩耍的时间,这是训练孩子这一行为的唯一方法。而且,大人不能总是在小孩单独玩耍的时候理会孩子,那样会给他带来干扰。从这位母亲所说的来看,我们怀疑她在这一点上是失败的。比方说,她总是在为孩子做这做那,一个劲在忙,孩子一步也离不开她。母亲的爱护总是孩子们所渴望的,最早留在男孩心灵中的印记,就是他的渴望和企图。

小孩从没有独处过。

很明显，母亲是在用这样的话给自己辩解。

他从没有安静地独处过，甚至到了现在也不喜欢那样，即便短短一个小时也不行，夜晚的时候就更不要说了。

这小孩对母亲的依赖很深很紧，证据就在这里。

过去，他什么也不怕，他现在也不知道什么叫害怕。

这是一句不合心理学常识的话，违反了我们的研究发现。至于如何解释，我们对事实进行了深入检查后得知：他感觉不到害怕的理由是他从没有单独生活过。害怕对这种小孩来说不过是一种借口，他可以用来迫使别人陪着他。因为从未独处，所以没有理由感到害怕，但是，他一独处就会害怕。下面的说法，乍一看是自相矛盾的。

对于父亲的体罚，他倒是很害怕。难道说，他也有害怕的时候？然而，他很快就会完全忘记自己被父亲打过；虽然父亲有时会狠狠地打他，但是他都会恢复往常的高兴和活跃。

据此可以发现，对于孩子，母亲无时无刻都会迁就，父亲则抱以严厉的态度，并希望纠正母亲；也就是说，两人在行为上已经形成反差。承受不住父亲严厉管教的孩子，只好向母亲寻求庇护。他所转向的那个人，是过分宠爱他的，他所需要的东西，可以轻松地从母亲那里得到。

教区老师也监护过这孩子，因为他六岁时进入了教区小学。人们在那时候关于他反映上来的情况，不是关于其学业功课的，而是抱怨其行为的：活跃好动、静不下来、注意力不集中。躁动不安是小孩的一个明显特点，这是他们实现获得他人注意的企图的最好办法。他母亲对他的在意，他已经习惯了，如今在学校里，吸引这个扩大了的活动圈子里的新成员的注意，成了他的新目的。这是学校老师所不了解的，但他们希望能够改正其行为，于是指名批评责备于他。但事实上这正中他的下怀。虽然代价颇巨，但他已经习惯了；他不会改变自己的行为，即便是在家里会遭到父亲的严重指责和体罚。而老师用以改变小孩旧习惯的手段，要温和多了，但那会有效吗？我们可以想象得到，那是不太可能的。他屈从并回到学校，得到的补偿就是人们的注意，那正是他所希望的。

期望改进他的父母向他指出，大家都要在课堂上保持安静，这是为大家的利益。他们真的还具备常识吗？听到这样的陈词滥调，我们不禁产生了这样的怀疑。什么是对，什么是错，这男孩其实是知道的，这一点上跟父母没有差别。制造动静获得注意，正是他那种行为的目的，而保持安静是做不到的；要吸引别人注意，不能通过艰苦学习的方法，那太难了！因此，他的行为谜团就在于他自己有这样一个目标。父亲的体罚当然起到令他短时间内安静的威慑，但据他母亲说，他会在他父亲一离开之后立即恢复原样。

他的行为和一贯作风，只会因皮鞭责罚而短暂中断，他的错误却不会随之永久改正。

他会发脾气，而且总是无法控制。

对一个全神贯注地吸引他人注意的孩子来说，达到目的的唯一办法就是发脾气。所谓发脾气仅仅是情绪和行为的一种有节奏运动，是孩子用来达成目标的手段。这孩子也是如此。发脾气对一个只想静静躺在沙发上的人来说，根本是不必要的。孩子的目的跟这种发脾气的行为关系密切，这正是其中蹊跷所在。吸引人的目光正是此案例中小孩发脾气的目的。

在学校里，他把从家里带来的各种东西换成钱，然后请客款待伙伴们。他已经习惯那样做了，而每天出门之前搜察他的随身物品一遍，就是父母发现这个问题后的应对办法。最后，他不再那样做了，转而在玩弄同学骚扰他人上投入全部精神。后来，他也改正了这一行为，那是父亲严惩的结果。

依旧是渴望他人注意的愿望，导致了他的恶作剧行为。在他看来，学校的纪律拿他没办法，于是为了显示这一点而作怪，让老师惩罚自己。对我们来说，想搞清楚这些并不难。

虽然他越来越少捣乱了，但是时而会变本加厉地复发。学校最后开除了他。

我们的说法经此得到证实了。在努力博得他人认可的过程中，肯定会有很多障碍；对于要遭遇的困难，他也是心知肚明的。尽可能躲避困难，是他一心所愿，但他总觉得处处都是困难，而又没有信心加以克服；突显自己以吸引他人注意的渴望，因其不自信而加重。这些都是可推断的。终于，为停止他的作怪和捣乱行为，忍无可忍的校方开除了他。坚持合理立场——即绝不允许捣乱者扰乱其他人学习的校方，除了把他逐出学校别无选择。但是，开除学生也是失当的，如果我们坚持应把纠正孩子缺点作为教育目标的立场的话。不过，在家里，母亲会相对容易地给他认可，于是，他自此不必非回到学校去不可。

值得注意的是，在一位老师的建议下，家人把男孩送入了一个儿童收容所，以度过假期。那里对他的管教更为严格。然而这一次尝试效果也不理想，男孩的主要监护人，仍然是他的父母。这不难理解：扮演一个坚强的男子汉，是他心中所想。哪怕被鞭打，他也从未发生过抱怨和流泪这种事，这是他所不允许的；他坚决不会违背自己的男子汉气概，就算事情变得再怎么糟糕都不会。

家庭辅导老师的辅导没有中断，他从未交出很差的成绩单。

我们可以从这一点得出他缺乏独立性的结论。老师反映说，想要让他取得更好的成绩，只须安静下来学习。每一个孩子，如果不是智力问题，就都能做好功课，完成学习任务，这也是我们所确信的。

绘画是他的弱项。

根据上述情况，我们有理由假设他未能改善自己笨拙的右手，因此这是非常重要的一点。

他很擅长体育运动，游泳学得很快，危险面前并不畏惧。

这表明他尚未完全灰心丧气。不过，只是在那些不怎么重要的事情上，他才会表现得勇敢；他能够轻松自如地应付这些事情，有很大把握获得成功。

他心里一点儿也不会害羞，无论是学校的门卫，还是校长，他敢于向任何人说出自己的看法。其实，说话如此唐突且肆无忌惮，是不允许的，他已经收到多次警告了。

他完全不会理会人们禁止他做某一具体行为，这一点我们已经了解到了，因此不能说他的放肆证明了他的勇气。孩子应该跟学校老师、校方保持一定距离，据我们所知，这是许多孩子都明白的。但是，这男孩怎么会怕学校的校长呢，他连父亲的鞭子也不怕！自负而有失礼仪的说话方式，是他用来达到彰显自己分量的目的的。

对于自己的性别，他没有十分明确的认知，但他经常说，如果变成女孩子，他将会不高兴。

能够表明他对自己的性别究竟持何种态度的迹象，并没有显露出来。但是，贬斥女孩子的倾向，在具有这种淘气性格的孩子们当中普遍存在。贬斥女孩子是他们获得优越感的方式。

他没有真正的朋友。

他喜欢下达命令，而其他孩子不会喜欢一味听从于他，因此，这一点是可以理解的。

关于性方面的问题，他父母迄今没有给过他任何解释。统驭他人的欲望，总能够透过他的行为显示出来。

对于心里的愿望，他本人一清二楚。但是，对于他那无意识的目标与日常行为之间的关联，对于他的强烈统治欲的根源和程度，他无疑是不了解的。因为看到父亲在统驭别人，他也想那样做；但是，他必须依赖别人才能做到，因此，他越想那样就越胆怯和懦弱。作为他效仿的父亲，却跟孩子形成对比，父亲统驭家人的方式是有节制的。换言之，怯弱给小孩造成的后果是使他变得充满野心。

他总是在招惹别人，甚至去招惹那些比他厉害的人。

对男孩来说，由于那些比他强的人对他有一种责任感，往往更容易对付。男孩的自信，只在放肆无礼的时候才会确立。顺便说一下，他是因为不相信自己的学习能力才总是在行为上表现得无礼和挑衅的——掩饰自己才是目的所在。

他不自私，自己的东西，总能慷慨赠予他人。

不能以这一点来表现他心里的善良，因为如果那样就难以符合他的性格的其他部分的特征。一个人的优越感，会因对他人的慷慨给予而获得，这是我们所知道的；不仅如此，一个人的价值，也会因慷慨行为而增加。这个男孩是为了炫耀自己才表现出慷慨行为的，而这种行为可能是从他父亲那里学来的。

他还是会给别人带来麻烦。父亲是他最怕的人，母亲次之。在起床一事上，他随时可以做到。他不是十分虚荣的样子。

这最后一点所涉及的虚荣，只是外在的，事实上，他有特别强烈的内在虚荣。

他过去有抠鼻子的习惯，但已经改正。他是个固执的孩子。蔬菜和肥肉他都不喜欢；在食物方面，他既挑剔又讲究。对于交朋友，他不是十分感兴趣，所乐意交往的孩子，只是任他摆布的那些。他非常喜欢动物和花草。

对优越感的追求，支配他人的欲望，就隐藏在喜欢动物的背后。当然，喜欢动物能够促进人与万物的和谐统一，因此不是坏事。然而，我们说喜欢动物是统治与支配欲望的表现，只是就案例中的这一类孩子而言的。孩子为了让母亲操心于他而想尽一切办法，是这种欲望所导致的一种倾向。

一种颇为强烈的领导和支配他人的欲望，在他身上表现出来。他倾向于搜集各种物品，不过总是半途而废，因为耐性不足。

这种孩子害怕承担责任。完成一件事情，结果就意味着担负责任，因此他们无论做什么都虎头蛇尾。

他的行为在十岁以后改善了一些。让他留在家里，这在过去是很难的，因为在街头孩子群里逞强好胜是他一贯的想法，不过他在这一点上有所改观，这是多次艰苦努力的结果。

其实，一个最能使他的欲望获得满足的做法，就是把他拘在家这个狭小范围内。他在家里所做的出格事情更多，是因为家里太小了，这并不奇怪。应继续让他在街上玩耍，前提是留意着他的行为。

一回到家，他就一直做功课，看神情也不像要出去玩耍的样子。但他有一套打发时间的办法。

孩子的这种精神不集中和打发时间的现象，会在我们想监督他们并为此让他们只在某一狭小范围内活动时出现。既然孩子们需要更多活动，想跟其他孩子一起玩耍和分享，那么我们就应该多给他们这样的机会。

从前，他是很喜欢去学校的。

这意味着，过去的老师并没有特别严厉地对待他，并且，哗众取宠在那时也是轻而易举的。

课本弄丢的情况经常发生。考试不会令他感到害怕；他能做好任何事情，他一贯都有这种自信。

一个人对自己能力不自信，也显示在他面对任何情况时的乐观态度，这是一个十分普遍的特征。他们会忽视逻辑，并在一切皆能成功的幻梦里沉醉，过分惊讶的表情不会在他们遭遇失败时流露出来——他们总是有办法做到这些。宿命论是他们无法摆脱的感觉，这感觉反而使他们表现得乐观看待所有事物的样子，但他们其实是悲观主义者。

集中注意力这种事，是他做不到的。对于他来说，有些老师

是喜欢的，但另一些则严重反感。

喜欢其行为表现的是一些比较温和的老师，因为对他的要求不是很高，他很少给他们制造麻烦——事情好像无论如何就是这样的。专注做事的愿望，是他所没有的，在这方面也有习惯上的欠缺，许多被宠坏的孩子都有此种表现。在六岁以前，他母亲会帮他做好任何事，因此他从未感觉到有必要专注地做完一件事。有人事先为他安排好了生活中的所有事情，他如同置身笼中，吃穿方面用不着他来发愁。然而，当困难出现的时候，他就暴露出了生活训练和准备的欠缺。无论独立完成某些事的愿望还是信心，都是他所不具备的。吸引他人的目光，是他唯一的愿望。但是，他的不良行为却日益严重，因为他无力干扰学校的秩序，吸引他人注意的愿望也就落空了。

他心里不牵挂任何事情，就算要做，也要采用最方便自己的方式。诸如偷窃、说谎等具体行为，都是对他生活的主旋律的反映，而构成这一主旋律的，是从不为他人考虑的特点。

错误就潜藏在他的生活方式下面，很容易发现它们。激发他发展出社会感情的人，是他的母亲。但是，这一感情发展的方向，没有被母亲指明和确定，而他的严父也没有做到。母亲的活动范围，就是小孩子社会感情发展的最大局限了，他认为自己是人们注意焦点的感觉，就是在这里面形成的。

因此，他虽然追求着优越感，但其方向对生活而言是无用的，不过是满足个人虚荣心罢了。必须重新塑造他的性格，才能把他的发展引到于生活有益的方向。想要让他高兴地听从我们的意见，就必须恢复他的自信。同时，必须将其社会关系的范围扩大，他的母亲未能完成的工作，也可通过这种方式得到弥补。跟他父亲的和解，对这孩子来说是必须要做到的。在孩子能够意识到自己过去生活方式的病灶所在之前，要坚持一步步地展开对他的教育工作。他的独立性和勇气，随着兴趣焦点从自己一人移向别处而增强，同时，他也就会开始向生活中有用的方面去追求优越感。

案例二

这个案例是关于一个十岁男孩的。

这个孩子在学习方面表现极差，已经有三个学期跟不上学习进度了。这是根据学校方面的反映得知的。

我们几乎要怀疑这个小孩是不是存在智力缺陷，因为小孩十岁时不该有这样的表现。

现在，他正读三年级，IQ 指数 101。

根据这个信息可以得出他不可能存在智力方面的问题。那他为什么会跟不上学业呢？上课捣乱又出于什么原因？我们可以看出：对于优越感，他有一定的追求，他也有一定的活动能力，但都是在无用的方面进行的。发挥创造力取得成就进而吸引注意，是他所希望的。但他选择了错误的追求方式，他的行为是跟学校处于敌对。他的情绪中满是抗争和逞斗，对于学校的学习生活，他充满憎恨，想予以反抗。学校里的固定程序，是这种不服管教、好斗的孩子难以适应的。于是我们明白，这正是他跟不上学业的原因。

对于纪律和命令，他是不愿服从的。

他当然会这样。他有自己的想法，有自己的一套行为方式，所以才会有此表现。他对别人命令的反抗是必然的，因为他喜欢跟别人作对。

他跟别的孩子打架，在学校里也带着他的玩具。

拥有自己的世界，是他所渴望的。

他在心算方面显得很笨拙。

这意味着，他的社会感情以及相关的社会逻辑是有所欠缺的。

他在语言方面有障碍，他需要语言训练课，应每周一次。

并不是发音器官的问题造成了他的这种语言障碍，而是缘于他在与人相处、合作方面的缺乏。反映这一事实的，正是他的语言缺陷：一个人以怎样的态度跟他人互相合作，反映在他的语言水平上。语言缺陷却被这个小孩当成了一种工具，来表达他的抗争。矫正这一缺陷，意味着这一吸引注意的工具势必要放弃，因此我们就无需奇怪他为何没有尝试矫正了。

他左右摆动身体来面对老师的谈话。

这个动作表明，他想反抗，并随时做好了准备。在老师找他谈话的时候，众人没有注意到他——老师在说，他只能听，老师比他更强势——因此他不喜欢谈话。

小孩非常神经质，母亲经常一个劲儿这样抱怨道。（准确地说，那是他继母，其生母在他还是婴儿时就去世了）

小孩的一连串过失，已经包含在他母亲这一颇有深意的看法中了。

两个祖母①陪伴了他的早年成长。

我们知道，祖母对孩子通常是溺爱过度的，而他更是有两个祖母！应当深刻考虑她们为什么这样做。原因在于，老年人丧失了自己的社会地位——这是我们的一个文化漏洞。对于这种待遇，他们要反抗；他们希望对自己的待遇能是公平的。这些不应受到过分批评。祖母对孩子的恩宠与呵护，以及孩子依恋她的结果，都是为了达到证明自身存在重要性的目的；她们理应得到承认的权利，通过这种方式得到了强调。

激烈的竞争会在两个祖母——如果有两个的话——之间展开。任何一个都想证明：比起对方，孩子更喜欢我。被两个祖母争来争去的小孩，当然是快乐的，他仿佛在天堂一般，想怎样就怎样。他很容易勾起一个想要胜过另一个的愿望，只要说一句"外婆或

---

① 一个是外婆，一个是奶奶。西方人习惯统称为祖母，不在特殊地方不作区分。——译注

奶奶给了我什么什么（礼物）"即可。孩子在家里聚集了众人的目光，吸引注意就是他的目标，而在学校里只有老师和同学，两个祖母都不在身边；反抗和不服管束，是他在学校里引人注目的唯一方法。

和祖母在一起时，他不能取得良好的学习成绩。

要适应学校的生活，需要进行准备性训练，但他没有进行，于是无法适应。学校这个地方，能够测试出他与人合作的能力，但这一方面的任何训练，他都没有接受过。如要进行这种训练，最佳人选就是他的母亲。

他跟父亲和继母一起生活；一年以前，他的父亲再次结婚。

可以想见，这孩子处在比较困难的境地中。小孩子的困难，往往会因继母或者继父对其家庭生活的介入而出现，甚至会增加。对于继父母所带来难题的妥善解决方法，始终没有找到——这是一个传统的和长期存在的问题。这个难题对孩子的影响尤其严重。总有各种麻烦，哪怕最好的继母也不例外。我们只是说，只能在某种程度上解决继父母的问题，而不是说它无法解决。身为继父母理应喜欢孩子，这种想法是不对的；尽力争取孩子的喜爱，才是继父母所应该做的。而这个孩子与继母相处的问题，难度更大，原因在于孩子的情况异常复杂。

孩子刚刚进入这个家庭时候，继母试图让他知道他是被喜欢的。为讨孩子喜欢，继母也竭尽全力了。孩子的哥哥，也是个麻烦鬼。

家庭的竞争气氛变得更加浓烈。互相比较是自然的，因为家里还有一个好斗的孩子。

母亲发现，敢违抗自己的孩子，对父亲却既害怕又听话，于是把孩子的不好控诉给他父亲。

母亲没有能力教育孩子这一点，已通过这些表述明确表现出来了。事实上，这种处事的方式，表达了母亲的一种自卑情结，因此，她让孩子的父亲来接手这一工作。孩子的所有行为，母亲都会反映给父亲，并经常用"我会告诉你们的父亲"这样的话来威胁孩子们。孩子们在这种情况的想法是：她不想再管教他们了，因为拿我们没辙。于是，孩子们开始寻找指使和统治母亲的机会。

母亲会带孩子们出去玩，也会给他们买礼物，但前提是他们保证有好的表现。

母亲所处的境地也是困难的。其原因在于，孩子们在心里给祖母留下了很大位置，而母亲则处在祖母的阴影之下。

祖母也来看望孩子，隔三岔五就来一次。

父母对孩子的教育，很容易被祖母的到来而扰乱。

在家里，这个孩子似乎从没有被任何人真正喜爱过。

他好像已经再也不招人喜欢了，这些人里面，甚至包括曾纵容并宠坏他的祖母。

父亲惩罚他的方法却只是暴力体罚。

鞭打孩子一顿，几乎无助于孩子进步。孩子被赞扬会感到高兴和满足，那才是孩子所喜欢的。至于如何获得他人的赞扬，孩子却不知道什么方式是正确的。而为博取老师的赞扬，他偏好于不用付出努力的方式。

他在学习上的努力，会在获得赞扬之后更加积极。

这是当然的，每一个渴望引人注意的孩子都是这样。

他总是闷闷不乐，老师不喜欢他。

作为一个好斗和习惯反抗的孩子，他也只能用这种方法应对老师了。

他有尿床的毛病。

这表明他渴望吸引别人注意，这也表达了他的好斗和不满，不过这种方式不是直接的，而是间接的。母亲半夜起床，因为孩子把被褥尿湿了；孩子大半夜猛地高声叫喊；他在床上读书，再怎么晚也不入睡；他早上赖床；他的进食习惯开始变坏——孩子对付母亲的间接方式就是这些。一句话，不管白天夜晚，只要想迫使母亲为他忙活，他总有办法。他就是用尿床习惯和言语障碍这两样武器来对付周围环境的。

母亲好几次夜里把他叫醒，让他去小便；她是希望借此改掉他尿床的毛病。

孩子达到目的了。母亲多次半夜起来，看看他要不要尿尿。

男孩总想要指挥和命令其他孩子，因此不被他们喜欢，却也有一些模仿者，就是那些比他弱小的孩子们。

男孩是心虚懦弱的，心气也不高。对于生活，他不想勇敢地面对。对于怯弱的孩子来说，吸引他人目光的最好办法就是他的行为方式，因此学校里的一些较弱的孩子才会喜欢模仿他。

不过，当他出色地完成功课时，意味着他已经取得进步，其他孩子都会高兴地认可这一点，可见人们并不是完全厌恶他的。

看来，老师们选择了正确的教育方式，并且，关于如何培养孩子们之间的合作精神，老师们颇有心得，这就反映在他取得进步孩子们就为他高兴这一事实上。

在街头和其他孩子踢球，是这个男孩很喜欢的活动。

要让男孩喜欢跟其他孩子发生联系，只须让他确信自己能有卓越表现。

关于孩子的情况，我们跟他母亲进行了讨论，并给了她这样的解释和说明：他目前处在一种困境中，那就是男孩和他祖母的关系；对于他的哥哥，他很是嫉妒，总是害怕比不上他。诊所里的所有人都是他的朋友，尽管我们已经把这样的话告诉了男孩，但我们和他谈话时，他还是一句话都不说。开口说话在男孩看来就表示他愿意互相合作了，之所以一言不发，是因为他想以此表示反抗。在他知道自己的语言缺陷要被纠正时，也是一模一样的情形。他对社会感情的缺乏，正是通过这些表现出来。

看起来这男孩的抗拒方式是令人吃惊的，但是，事实上这种方式甚至也是成年人在社会生活中所采用的。跟老婆大吵一场后的丈夫大声斥问："看看，现在你又没动静了！"妻子回道："我只是不说话而已，谁说我没动静了！"

"只是不说话而已"，这个男孩也是如此。谈话结束，他露出不情愿离开的样子，尽管我们已经告诉他可以走了。敌对的情绪已经占据了他的内心。聊天已经结束，但他听了我们这话仍然待在那里。

我们提出要求，他下次要跟父亲一起来。我还跟他说："你做事总是喜欢跟别人对着干，因此不说话是很正常的。你认为，人们要你说话你偏不开口，人们要你安静你偏要说话并扰乱课堂，是很了不起的行为，但我有办法让你说话，只要命令你'不要说话'就行了。我们若要引导你按照我们说的做，在对你提出要求时，只需要反过来提就行了。"

他已经感觉到，回答我们的问题是有必要的。换句话说，显然我们可以使他开口说话。他通过交谈跟我们合作，这样一来也就是可能的了。然后我们就可以把他的情况说给他听，让他自己意识到哪里错了；要让他一步步改进，就得这么办。

在这一方面，唯有改变小孩所处的旧环境，他才有做出改变的动力，这是要切记的一点。与他的生活方式密切相关的人有他的母亲、父亲、祖母、老师和伙伴，他已经建立了对他们的固定态度。他在诊所里发现，他所在的环境，是跟往常完全不一样的。事实上，尽量为他创造一个全新的环境，这是我们必须要做的；只有在这里，他在旧环境所形成的性格特征，都会更加充分地暴露出来。在这种情况下，可以这样要求他说——绝不允许你讲话，就会得到"我偏要讲"的回应。这种方式可以扫除他的抵制心理，然后我们就可以和他进行正式地交谈了。

在诊所里，孩子们一般都要面对许多人，这是一种能够令他们印象深刻的场面。他们以前的狭小范围要被打破了，他也引起了局外人的兴趣；这个更大的环境，将把他们吸纳为一部分。这就是他们在这种新环境下所产生的印象。这一切使他们产生了更大的期待，那就是在新的环境中突显自己，而被要求下次还出现在这里的愿望，尤为迫切。在诊所里，人们会问他们问题，了解他们的改进程度，这些将要发生的事情，他们自己也都知道。根据不同的情况，有些孩子每个星期都去一次诊所，有些每天一次。他们在这里将接受关于对待老师的态度和行为的训练。他们知道，人们会公开地评判他们在这里的一举一动，但不会加以责怪和批评。而且，这些孩子对这种做法所留下的印象，总是很深刻的。如果争吵中的夫妻一方打开了窗户，这意味着他们的话将被外面的人听到，而赤裸地显露自己的性格弱点，自然这是他们所不乐意的；也就是说，环境已经变了。那么，争吵也会相应停止。这是孩子迈出的第一步，他们一到诊所，我们就已经帮助他们迈出了。

案例三

这个案例是关于一个十三岁半男孩的，他在家里是长子。

他十一岁时智商为 140。

这是个聪明的孩子。

他的学业从进入中学的第二个学期开始就一直在原地踏步。

以我们的经验来考虑，一个相信自己十分聪明的孩子，总会认为自己能够实现愿望，而且是轻而易举地实现。但是，这种孩子无法取得真正的进步，正是他们的自负带来的后果。比如说，青春期的他们，会有一种自己比实际情况更成熟的感觉。证明自己已经长大是他们一心所愿。然而，现实生活的困难会摆在他们面前，他们越想表达自己，情况越严重。于是，他们开始怀疑自己：我这么聪明能干吗，就像我一贯相信的那样？如果我们发现一个孩子智商为 140，就告诉他这个结果是不恰当的。无论是孩子，还是他们的父母，都不宜知道孩子真实的智商值。孩子的危机，正是由这些失当的做法带来的；为何一个聪明孩子的生活会一团糟，原因也在于此。不知如何正确地取得成功的孩子，如果再充满野心，那么，他的发展道路，将只能是错误的。变得懒散懈怠、无所事事、轻生、犯罪，还会患上神经疾病，都属于错误的发展道路。为了给自己在寻求发展道路上的这些错误和无用之举辩解，孩子们会想出无数借口和托词，而且这些借口花样百出。

理科是孩子所偏爱的科目。他所交往的那些孩子，都比他年幼。

我们相信，孩子们喜欢结交年纪小于自己的孩子，一是为了让自己觉得轻松自在，一是为了显得自己更为卓越，成为其他孩子的领袖。但是，如果孩子总是喜欢这样，那这里面就很可能大有蹊跷了（虽然不能绝对地说）——就这个孩子而言，他有时候以一个父亲的态度对待其他孩子。这些行为多少与孩子的怯弱有关，他之所以避免与年长的孩子玩耍，是因为那样不能表达他的父性。他采取这种回避行为，不是无意之举。

足球和垒球是他喜欢的项目。

假定他非常擅长这两项运动，我们可能就会听到这样的反映：他在某些方面有出色表现，但是，他完全不在意其他任何事情。这意味着什么？意味着一种当然不可取的态度和做法：一件事情，只要他有成功的把握，他就踊跃参加；一旦心里没有把握，他就拒绝参加。

他经常在玩纸牌。

这是他用以消磨和打发时间的方式。

对纸牌游戏的迷恋，似乎驱散了他对按时休息和准时完成作业的注意力。

就是在这两点上，集中体现了家长对孩子的真正不满。孩子这是在打发时间，他们也是无奈的，因为无法在学习上取得进步。

他的婴儿期发育很迟缓，两岁以后才开始迅速发育。

他两岁前发育缓慢的原因，我们不甚了解，或许是由于受到溺爱造成的。不愿意说话、走路，不愿运用和发挥自己的身体机能，这些都是被溺爱儿童的表现。因为，自己的一切被人照顾得很好，这正是他们所喜欢的。但是，促使他成长的刺激，如此一来就少了。后来，他又获得了成长所需的刺激，这是对他后来快速成长的唯一解释。他能够成为一个聪明的孩子，或许是因为这种刺激非常强烈。

孩子显著的性格特征是诚实和固执。

不能满足于此。的确，诚实是一个相当有利的特点，然而他是否以此来挑剔和批评他人，我们并不知道。具有这一特征，可以让他感到自豪。他喜欢指点和指挥别人，他对优越感的追求，可以把诚实作为一种表达方式。他能否在处境不好时照样保持诚实的特点，我们无法确定。我们关于固执这一特征，发现他喜欢随着自己的性子来，以彰显自己的与众不同，而别人无法打动他。

他欺负自己的弟弟。

这一陈述证实了我们的判断。他之所以欺负弟弟，是因为后者不肯完全听从于他，以至于他统驭他人的愿望无法实现。这种行为表现，就不能说明他是诚实的，而与爱说谎的那类人相似，这一点只要真正了解他就会发现。吹牛和自我炫耀对他而言也能表现一种优越感，因而他喜欢那样。一种优越感情结才是他事实上表现出来的东西。可以清楚看到，在优越感背后，他在骨子里有自卑情结，而且正折磨着他。他低估自己是因为别人太过看重他了。为了弥补自我低估的缺陷，他就会选择吹牛。

过分赞扬一个小孩，会让他认为别人十分倚重他，因而是不可取的；他会在不能轻易满足他人期待时害怕，为掩饰自身弱点，他会想出其他办法。这正是他欺负弟弟的原因。他的生活方式就是这样的，他对于妥善解决他所遇到的问题所需要的坚强和自信都不够。当他忙着玩牌的时候，他的其他弱点就不会被人们注意到了，因此他才喜欢玩牌。这种情形经常在他学习成绩不好的时候发生，他借此保住了自己的面子和虚荣心，因为他的父母会说，他是因为沉迷于打牌才功课不好的。"是的，我学习成绩不好是因为喜欢玩牌，只要我不玩就会成绩优秀。然而我毕竟是喜欢玩牌的。"他一直抱着这种想法，并感到满足和得意，因为对他来说，取得好成绩毕竟还是办得到的。

小孩是不清楚自己的心理逻辑的。在这种情况下，他完全可以自我安慰，并为了不把自己的自卑情结暴露给自己和他人，把它隐藏起来。他不会做出什么改进，除非放弃这些。他需要对自己的性格和活动有一个清楚的了解，知道自己是因为对成功的无力感才这样做的，并知道他对自己怯弱和自卑的掩藏，已经耗费了他的能力和章法。为此，我们必须找到一种友好的方式。从事这些工作的方式也须是友好的，同时，不以持续的鼓励作为辅助手段。赞美他和炫耀他的智商这种事，是我们不应该做的；他做任何事都害怕失败，可能就是因为那种反复的提示。智商在人的一生并不是十分重要的，这一点我们都很明白，而优秀的实验心理学家都知道，智力指数所反映的一个人的情况，只适用于他在那次测试的时候，而类似的测试无法反映复杂的生命。亦即，这个小孩的解决其人生问题的能力，不是所显示出的高智商能够证明的。必须向他解释清楚的一点是：他的自卑感及社会意识的缺乏，才是他的真正面临困难。

案例四

这是一个关于八岁男孩的例子，案例将显示出这孩子被家长宠坏的原因。主要介绍的就是这一类从小被溺爱的人成为罪犯和罹患神经性疾病的案例。

停止对孩子的宠溺，是我们这个时代第一紧急要务。这只是说，我们不能再纵容他们，而不是不能表达喜爱之情。我们应把他们看成是朋友，看成跟我们地位对等的人。被宠溺的孩子所表现出来的特征，通过这一案例显示出来，这也是它的价值所在。

小孩的问题是：现在仍然在读三年级，因为他需要复读每一个年级。

我们不禁要怀疑，这孩子是否存在智力缺陷，所以一上学就面临留级问题了。在分析他的情况时，我们理应考虑到这一点，但这个可能性是可以排除的。因为他的问题是后来才出现的，而一开始，他都能够顺利地完成课业。

他说话时像一个幼儿在咿咿呀呀。

他之所以学一个幼儿说话，是希望家人能够宠爱他。这意味着，在他看来，这种模仿会给他带来优势，因此心中才有了这样一个目标。而他可能存在智力问题的假设，也因他的这一计划出于有意而不成立了。在学校里，他不喜欢学习生活，也不愿尝试跟他人交往，这是因为没有得到适应学校生活的训练。他表达自己追求的方式，是敌视他人和对环境的抗拒。而他每个年级都要复读，正是这种敌视和抗拒的态度所造成的后果。

他有哥哥，但不服他，且经常和他争斗得厉害。

据此可以得到他哥哥已经妨碍到他的观点。如果我们可以做出哥哥表现良好的假设，那么，在行为上表现很坏，就成了这个孩子跟哥哥竞争的唯一手段。他梦幻地以为，他要胜过哥哥，只须自己是个"幼儿"就可以了。

孩子学会走路是在一年零十个月的时候。

他可能有佝偻病。或许，在这个年龄以前，他的家人对他的看护太多了，甚至他的母亲从未离开过他；还有一个原因让母亲更多地注视和疼爱他，那就是他身体情况差。因此他才没有及时学会走路。

他学会说话的时间非常早。

很难学会说话是孩子存在智力问题的主要表现，因此我们可以肯定，这个小孩的智力没有问题。

他说话的方式，总像一个幼儿在呢喃。父亲对他也是宠爱有加。

对孩子的溺爱和纵容，也发生在父亲身上。

母亲受到小孩更多的喜欢。这个家庭有两个小孩，哥哥非常聪明，这是他们的母亲说的。两个孩子存在着非常激烈的竞争。

如果一个家庭里有两个孩子，那么他们一般是有竞争的，而且在年长的孩子间更甚；互相争斗的情况，在两个同时长大的孩子间发生。我们已经讨论过一种情形（详见第八章），那就是，第一个孩子的优越地位，会因第二个孩子的出生而被颠覆。要避免激烈的竞争，只能进行孩子间合作精神的培养和训练。

他算术很差。

一般而言，算术是被宠惯孩子们最难学会的科目。被宠惯的孩子缺乏某种社会逻辑，而这种社会逻辑必定会在算术学习中涉及。

可以肯定，他的脑子有点问题。

然而我们并没有看出这种情况，他做的每件事，每一种行为，都有他的道理。

孩子手淫，他的母亲和老师都相信这一点。

而且确有可能，手淫行为在很多孩子间普遍存在。

他母亲说，他已经出现黑眼眶了。

人们通常根据黑眼眶怀疑一个人是否有手淫行为，然而我们不能如此断定。

在食物上，他要求很高。

我们已经看到，即便是在进食时，小孩也总想着吸引母亲的注意。

他非常怕黑。

这也表明孩子确实是受到溺爱的。

他的母亲说，他的朋友很多。

我们相信，这些朋友都是小孩子，且听从他的指挥和统领。

音乐十分吸引他。

有音乐天赋的人，耳朵的曲线更美好。我们若想得到这样的启示，检查一下喜爱音乐的人的外耳形状即可。经过检查，我们可以肯定，这个孩子的听觉敏感且细腻。对音乐的偏爱，是听觉敏感的表现，这种人接受音乐训练的能力更强。

他爱唱歌，但耳朵有病。

对于生活中的噪音，这种人难以忍受，他们的耳朵更容易染上疾病。为什么音乐天赋和耳疾能遗传给下一代？因为听觉器官的构成是通过遗传传递的。耳疾也困扰着这个男孩，而且不只他有音乐天赋，他的家人都有。

若要帮助这个男孩，锻炼其独立能力是合适的。现在正是他自主能力不足的时候。他母亲凡事都为他操劳，紧紧依附着他，而在他看来这是理所应当的。被母亲庇护是他一心所愿，而提供庇护则是母亲高兴从事的。从现在开始，只要是孩子喜欢的事，包括犯错在内，我们就要让他自由地去做。因为这是唯一让他学会独立自主的方法。他和哥哥的争斗，不能因为在母亲那里争宠而展开，这是他需要自己学会的。现在的情况是，兄弟俩互相嫉妒着，因为他们都有一种母亲爱对方更多一些的感觉。

要敦促孩子，让他大胆地正视学校学习这一问题，这工作是我们尤其需要做的。如果不能继续学习，将会有什么在等着他？他的生活在他脱离学校后的发展，将走向无用的方向，这是可以想象的：他会在某一天开始逃学，然后干脆断绝与学校的联系，离家出走，并结识一些不三不四的人。要让他适应学校生活，现在就要帮他进行调节，这总强过事后去处理一个少年犯——治大于防啊！学校这个考验是非常严峻的，而眼下不能奇怪他在学校碰到的各种困难，毕竟他还没有充足的训练和准备，社会意识也有欠缺。但是，把他解决问题的勇气鼓舞起来，是校方应该做到的。当然，一个班里学生太多，孩子的老师对于如何激发孩子心里的勇气并不通晓——校方自身的困难也是存在的，而事情也就可悲在这里。但是，还是可以救助这个孩子的，这需要老师的帮助，恰当地鼓起他的勇气，振奋他的信心。

案例五

这是一个女孩，十岁。

女孩在学习算术和拼写方面很吃力。她来心理诊所诊治是校方介绍的。

对一个被宠坏的孩子来说，通常会觉得算术很困难。他们在计算方面的笨拙，并不是绝对的，但普遍存在算术成绩不好。左撇子儿童的阅读习惯是从右向左，这使得他们在很多时候难以学好拼写；他们是以相反的方向进行拼写的，尽管不能说那是错的。意识到拼写上的困难，他们只是说经常出差错而已，显得那是个小问题。基于这些，我们怀疑女孩也是惯于用左手的，不过，她的拼写困难，也可能有其他原因。现在，虽然人在纽约，但她对英语不是特别熟悉，因此，我们应考虑到，她可能是从另一个国家来的；如果她是在欧洲出现这种情况的话，就没有必要考虑到这些了。

在德国，她家几乎破产了，这是她过去生活史中的一个关键点。

她从德国过来的时间，我们并不清楚。她可能一度生活得比较优裕，不过后来停止了。环境的改变，就像一道新的试题一样出现在她面前。而她在这之前，有没有受到正确的培养，与人合作的能力是否已经掌握，在新社会环境中能够自我调节以适用，有没有这样足够的适应新环境的勇气，这些都在新环境中暴露出

274

来了。还有，贫困生活的重负她是不是承受得住的也属于她能否在生活中与人合作的问题，也在新处境下暴露出来。而她所显示出来的情况是，她缺乏这种能力。

她八岁时离开德国，之前的学习成绩很好。

这发生在两年以前。

由于拼写上的吃力，她在这个国家的学习表现较差；还有，这里算术的教育方式是跟德国不同的。

这一类问题可能出现在学生身上，但老师不能总是照顾到。

母亲溺爱她。对于母亲，她特别依恋。她同时也喜欢她的父亲。

当孩子被问到"爸爸和妈妈你更喜欢谁"这样的问题时，孩子的回答一般是这样的：同样喜欢。给出这种回答，她是在仿效别人。至于这里面有多少是真实的，有多种方法验证。让孩子坐在父母中间，我们发现，孩子更依恋哪个，就会在我们和他们父母谈话时转过脸看着哪个。或者让小孩进入一个父母同在的房间里，她会走向她更喜欢的那个。

女孩有数目不多的同龄女性朋友。八岁时，她和爸妈住在乡下，一家人经常和狗在草地上玩耍，他们那时还有一辆马车。这些是她对以往的回忆。

她所记住的东西，草地，狗和马车，都是她所享受的富裕。与此类似的情形是，那些有汽车、马匹、仆人和漂亮房子的日子，也会被一个从富裕走向中落的人经常回忆起来。我们可以理解女孩，她是有不满情绪的。

她一直梦想着圣诞节和圣诞老人，而后者会把各种礼物带给她。

她的人生态度，已经通过这梦想反映出来了。她有一种感觉，是别人剥夺了她曾经拥有的一切，她想重新得到它们，因此，她总是渴望着得到更多。

她总是环绕在母亲左右。

迹象表明，她心里有些气馁；还有，她可能在学校里遇到困难了。她所遭遇的困难，比其他孩子更多。我们向她解释道：只要她能够鼓起勇气并付出努力，她就可以在学习上取得进步。

她在没有母亲陪伴的情况下再次来到了诊所。她已经在一定程度上提高了自己的学业，家里的分内事，她也能独立完成。

取得这样的成果之前，我们向她提出了不依靠母亲、争取独立完成自己工作的建议。

父亲的早餐，有时是她做的。

这表明，她正在培养与人合作的能力。

她认为，自己比以前更勇敢了。她轻松地完成了这次面谈。

我们提出要求，下次来到诊所时，要带上她的母亲。

诊所迎来了她和她母亲，后者还是第一次来。她母亲之前抽不出时间，是因为工作太忙了。母亲反映说，这女孩是她在两岁的时候收养的，她本人并不知道；在被收养之前的两年里，她被六个家庭辗转收养。

女孩没有美好快乐的过去，两岁以前的经历，对她来说似乎是一场磨难。她现在的养母能够很好地照顾她。早年经历的种种不幸，似乎已经留存在小女孩心中，不过是无意识的，所以她希望现在这种良好处境能够保持下去。两年的遭遇，足以烙下印记。

养母觉得肩上的担子很重，因为女孩的生母很不好，而这女孩又不是她亲生的。有时候，养母会打女孩。

女孩最初的美好处境，现在开始改变了。在很多时候，养母会体罚她，而不是先前的宠爱。

对这个小女孩，养父是溺爱的。她的种种愿望，养父都会满足。女孩不会用"请"或"谢谢"这样的词汇来表达想得到某样东西，她只说："你不是我母亲。"

这句话其实击中了要害，原因可能是她知道了自己身世的真相，再不然已经懂得这么说话了。我们所认识的男孩中，有一个二十岁的，他就不相信他是他母亲亲生的；但是，他不可能知道自己的身世的真相，这一点他的父母十分肯定。这男孩自己感觉到了什么，从细微的事情中得出结论的本领，小孩子也有。尽管这个女孩"不知道自己是收养的"这一真相，但是，这类孩子有时候是可以感觉到的。

她没有向着父亲——而是母亲——说这样的话。

所有愿望一应满足的父亲，是不会给女孩这样攻击自己机会的。

母亲体罚小女孩，也是没有办法的办法。在新的学校，她会

有这样的变化，但母亲不清楚其中缘由；她现的成绩非常差。

糟糕的成绩给这可怜的女孩又带来了屈辱和自卑。而母亲现在的做法，即身体上的惩罚，是过分的。成绩糟糕和被打，两者只要一个就已经坏得要命了。这种情况应引起老师们的深刻反思。孩子在家里受罪的一个可能的原因，就是他们把差的成绩单送到了她家，他们应意识到这一点。如果差的成绩单是这种意味，就应该避免发出，这是一个明智的老师应该做的。

女孩自己说，她大发脾气，有时候是因为没能控制住自己。在学校里，课堂会被她难以遏制的亢奋情绪所扰乱。在她看来，超越别人是理所应当的。

不难理解她为什么会想处处领先，这个被父亲宠坏了的独生女，已经习惯别人什么事都依着她。她过去的生活是优裕的。她感觉到，现在没有那些优势，是被别人剥夺了。比起以往，她现在对优越感更为需求。她之所以发脾气并给人添麻烦，是因为她没有什么办法来实现这一需求。

这个女孩必须学会与他人合作，我们把这一点解释给她听，并告诉她：她是因为渴望着超越别人并吸引目光才容易情绪激动的。她用以吸引目光的一个办法，就是发脾气。她之所以在学校里不努力学习，是在跟母亲闹别扭，因为母亲不满意她的成绩。

她做了个梦，梦里收到了圣诞老人的许多礼物，醒来却成了一场空。

自己所喜欢的一切尽在手中时的感受和情绪，是她想要唤起的，但是，"醒来那就成了一场空"。这里面是有情感触点的，我们千万不能视而不见。对我们来说，经历了这种唤醒和落空，自然也会很失望。但是，梦里的感觉和清醒时的情绪，两者是一致的；也就是说，体会失望的情绪才是做这种梦的目的，而不是唤起那种奇妙感觉。所以，如果她达不到体验失望情绪的目的，就会一直做类似的梦。心里烦忧的人，会以做各种美梦的方式发现一无所有的现实，只须醒来即可。为什么女孩会感到失望，现在我们可以清楚地知道：因为她现在活在一片黑暗之中，她想声讨她的母亲。

失望的情绪是这女孩一心想要体验的，因为如此一来她就可以怨恨和声讨她的母亲；她已经开始挑战母亲了。总结这个案例即可发现这一点。作为错误生活方式的一部分，她在家里的行为，她的梦，她在学校的表现，都是完全吻合的。我们若要让她停止这样的举动，就必须让她清楚地意识到这一点。造成她错误生活方式的主要事实是，她的英语有待提高，因为来美国的时间还很短。我们必须要让她相信一点：她实际上可以不费力气地战胜所遇到的这些困难，但她现在所做的，是把它们作为武器，跟母亲开战。同样，我们必须也让母亲相信：要让孩子没有借口跟她争斗，必定不能再打她。还必须让小孩有这样的意识："我时刻在想着给母亲添乱，所以才经常在学校课堂上无法集中精神和情绪失控。"明白了这一点，她的不好行为就会终止。在家里和学校的感受意味着什么，其所作所为意味着什么——她必须对所有这些有充分的认识。无此认识而让她改变性格，纯属异想天开。

至此我们也就清楚地知道了究竟何谓心理学。借以了解自己究竟应怎样处理、利用自己的印象和经验的东西，就是心理学。换个说法也行，那就是：某个儿童的一整套知觉系统，他对某些刺激的看法和反应，以及如何利用它们实现自己目标，这些正是心理学所试图了解的东西。其中，他通过自己的知觉系统，在行为指导下，能够对各种刺激做出反应。

图书在版编目（CIP）数据

儿童人格形成及培养 /（奥）阿尔弗雷德·阿德勒著；
张晓晨译. — 赤峰：内蒙古科学技术出版社，2018.1
（阿德勒心理学经典系列）
ISBN 978-7-5380-2932-1

Ⅰ.①儿… Ⅱ.①阿… ②张… Ⅲ.①儿童心理学—
人格心理学—研究 Ⅳ.①B844.1

中国版本图书馆CIP数据核字（2018）第025751号

儿童人格形成及培养

著　　者：	〔奥地利〕阿尔弗雷德·阿德勒
译　　者：	张晓晨
责任编辑：	李渊博
封面设计：	李　莹
出版发行：	内蒙古科学技术出版社
地　　址：	赤峰市红山区哈达街南一段4号
网　　址：	www.nm-kj.cn
邮购电话：	0476-8227078
印　　刷：	三河市延风印装有限公司
字　　数：	180千
开　　本：	960mm×640mm　1/16
印　　张：	19.25
版　　次：	2018年1月第1版
印　　次：	2018年8月第1次印刷
书　　号：	ISBN 978-7-5380-2932-1
定　　价：	58.00元

如出现印装质量问题，请与我社联系。电话：0476-8237455　8225264